应用型高校产教融合教材

U0868790

# 土木工程专业实践教程

主　编　梁忠强　张晓庆　王　雪
副主编　钟美慧　徐喜辉　贺全德
徐　明　崔晓东　孙大伟

哈爾濱工程大學出版社
Harbin Engineering University Press

## 内容简介

本书系统介绍了土木工程专业实践环节涉及的测量、施工技术、施工管理三方面内容。在测量方面,本书从测量基础知识入手,详细讲解了水准测量、角度测量、距离测量等常规测量方法,为学生掌握工程测量技能奠定坚实基础。在施工技术方面,本书以土木工程施工流程为主线,系统介绍了土方工程、地基处理、钢筋混凝土工程、预应力混凝土工程、钢结构工程、防水工程等主要分部分项工程的施工工艺、技术要点和质量控制措施。在施工管理方面,本书从施工组织设计、施工项目管理、建设工程监理、建设工程法规等方面,全面介绍了土木工程施工管理的理论和方法。

本书内容全面、结构清晰、图文并茂,注重理论与实践相结合,既可作为高等院校土木工程专业实践课程的教材,也可作为土木工程相关专业技术人员参考用书。

**图书在版编目(CIP)数据**

土木工程专业实践教程 / 梁忠强, 张晓庆, 王雪主编. -- 哈尔滨 : 哈尔滨工程大学出版社, 2025. 4.
ISBN 978-7-5661-4739-4

Ⅰ. TU

中国国家版本馆 CIP 数据核字第 2025J3Z869 号

**土木工程专业实践教程**
TUMU GONGCHENG ZHUANYE SHIJIAN JIAOCHENG

**选题策划** 刘思凡
**责任编辑** 王 静
**封面设计** 李海波

---

**出版发行** 哈尔滨工程大学出版社
**社　　址** 哈尔滨市南岗区南通大街 145 号
**邮政编码** 150001
**发行电话** 0451-82519328
**传　　真** 0451-82519699
**经　　销** 新华书店
**印　　刷** 哈尔滨午阳印刷有限公司
**开　　本** 787 mm×1 092 mm 1/16
**印　　张** 9.5
**字　　数** 241 千字
**版　　次** 2025 年 4 月第 1 版
**印　　次** 2025 年 4 月第 1 次印刷
**书　　号** ISBN 978-7-5661-4739-4
**定　　价** 39.00 元
http://www.hrbeupress.com
E-mail:heupress@hrbeu.edu.cn

# 前　言

本书是根据高等学校教育的培养目标，围绕土木工程专业的教学特点进行编写的。为使本书具有较强的应用性，编者均由具有多年教学经验的教师和工程实践单位的工程技术人员组成，经过多次研讨，结合工程实例，力求突出土木工程专业特色。

本书适用于普通高等学校宽口径的“大土木”专业（包括建筑工程、路桥、岩土工程、水利工程和建筑安装等），也可供土木工程相关专业技术人员参考阅读。

为培养高素质创新型人才，本书坚持“基本概念的阐述要准确，基本原理的论证要透彻，基本方法的分析要具体，基本能力的培养要加强”的编写原则，力求为读者提供内容精炼、版式新颖、教学好用、学生易读的新教材。本书在以下几方面做了一些新的探索。

1. 实践性。本书来源实践，内容精练，针对性强，信息量大，专业覆盖面广，能满足培养宽口径、复合型人才的需求。真正地让读者在真实项目中、真学、真做、掌握真本领。

2. 灵活性。本书章节内容由浅入深，先粗后细，相对独立，互为补充，服从认识规律，有一定灵活性和互动性。基本内容置前，可选内容置后，不拘泥于学科系统，适合不同院校和教学环境使用。

3. 可读性。本书编写着眼于自学，文字通俗易懂，论证深入浅出。章前有重点、难点提示，章后有学习产出。充分发挥本书二维码的指导作用和自学的能动性，弥补第一课堂教学的不足，适合多层次读者需求。

4. 时代性。本书介绍了当代最先进的测量技术、光电技术、数码技术、遥测技术。这些技术标志着新时代测量发展的步伐与方向，彰显了高新技术的时代特征。

本书由齐齐哈尔工程学院梁忠强、张晓庆、王雪担任主编，钟美慧、徐喜辉、贺全德等担任副主编，本书在编写过程中参考了大量的相关文献，在此谨向这些文献的作者表示衷心的感谢！

由于编者水平有限，书中可能还存在错误，恳请读者批评指正。

编　者

2025 年 1 月

# 目　　录

## 项目一　工程认识与测量实践



## 项目二　土木工程施工技术实践



## 项目三　土木工程施工管理实践

# 项目一　工程认识与测量实践

# 工程测量任务须知

理论教学、实践教学是测量课程的两个重要教学环节。坚持理论与实践的紧密结合，认真进行测量仪器的操作应用和测量实践训练，才能真正掌握工程测量的基本原理和技术方法。

工程测量任务是为掌握工程测量基本技能所进行的训练，对学生良好的职业素养的培养起着重要的作用。在工程测量任务中，要严格执行现行的测量规范、遵守测绘行规、高度仿真实际测量工作过程，以达到训练目的。工程测量任务要遵守相关的技术要求。

## 一、任务前的准备

### (一)任务准备

学生在每次任务开始之前，必须充分做好如下个人业务准备工作。

(1)明确任务的目的、内容和要求。这在本书各任务项目中均已写明，所以要求学生在每次任务开始之前熟读任务项目指导书。

(2)认真学习相关理论，自行设计完成任务的技术方法。有关方法的理论依据和具体内容在本书中通常能够找到答案。因此要求学生在任务开始之前认真学习本书中有关项目的内容，在理解的基础上加以归纳、总结，形成独到见解，设计完成任务的技术途径。

(3)在认真学习本书内容、融会贯通、掌握方法的基础上，拟定出任务实施步骤和细则。对任务的全过程应“心中有数”，做起来有条不紊。

### (二)测量仪器、任务场地的准备

测量仪器的准备工作一般由测量实验室有关教师根据任务书的要求逐一落实。在任务开始之前，每组学生遵照实验室的规章制度办理领取手续后，方可将仪器携出室外。任务中需要的一些文具用品应自备。

任务场地将根据任务内容的要求，由指导教师事先进行准备。在任务开始前，学生必须到指定地点就位。

具体注意事项：

(1)任务分小组进行，组长负责组织协调工作，办理所用仪器的借领和归还手续。

(2)任务应在规定的时间内进行，不得无故缺席或迟到早退；应在指定的场地内进行，不得擅自改变地点或离开现场。

(3)必须遵守本书列出的“测量仪器的借领与使用规则”和“测量记录与计算规则”。

(4)服从指导教师的指导，严格按照本书的要求认真、按时、独立地完成任务。每项任务都应取得合格的测量成果，提交书写工整、规范的测量报告或测量记录，经指导教师审阅同意后，方可交还仪器，结束工作。

(5)在任务进行过程中，学生还应遵守纪律，爱护现场的花草、树木和农作物，爱护周围的各种公共设施，任意砍折、踩踏或损坏者应予赔偿。

## 二、测量仪器的借领、使用和维护

对测量仪器的正确使用、精心爱护和科学保养，是测量人员必须具备的素质和应该掌握的技能，也是保证测量成果质量、提高测量工作效率和延长仪器使用寿命的必要条件。在测量仪器的借领与使用中，必须严格遵守下列规定。

### (一)仪器的借领

学生进行地形测量任务，所用仪器应按照学校的有关规定到实验室借领，借领时应进行如下项目的检查。

(1)仪器箱检查。仪器箱盖是否关好、锁好，锁扣是否牢固，仪器箱背带、提手是否牢固。

(2)脚架检查。脚架与仪器是否匹配，脚架是否稳固，各部分是否完好。

(3)仪器检查。该项检查涉及内容较多，不同类型仪器检查的项目也不尽相同，借领仪器时应对所借仪器做全面检查或对部分主要项目进行检查。检查项目大致如下：仪器是否摔伤或破损，箱内附件是否齐全，制微动机构功能是否正常，照准部是否旋转自如，光学测微器功能是否正确，目镜与物镜的调焦功能是否正常，光学镜片有无污迹，脚螺旋是否间隙适中、旋转自如，对点器功能是否正确，其他各按键及旋钮的功能是否正常等。对于电子类仪器设备，应进行通电测试。

(4)附属设备检查。有些任务项目需要用到一些附属设备，如反光棱镜、对讲机、温度计、气压计、充电器、水准标尺等，对这些附属设备的功能和质量应进行仔细检查。

### (二)仪器的归还

(1)仪器用毕归还前，应将脚螺旋、微动螺旋置于适中位置，并用毛刷将仪器上的灰尘掸净，盖好物镜盖。

(2)将脚架擦拭干净。

(3)如仪器在使用时曾出现过异常情况，应主动向仪器管理人员说明。

(4)将仪器箱打开，等待仪器管理人员检查验收。

### (三)仪器的使用

(1)将仪器安置之后，无论是否操作，都必须有人员看护，防止无关人员搬弄或行人、车辆碰撞。

(2)在打开物镜时或在观测过程中，如发现灰尘，可用镜头纸或软毛刷轻轻拂去，严禁用手指或手帕等物擦拭镜头，以免损坏镜头上的镀膜。观测结束后应及时套好镜盖。

(3)转动仪器时，应先松开制动螺旋，再平稳转动。使用微动螺旋时，应先旋紧制动螺旋。

(4)制动螺旋应松紧适度,微动螺旋和脚螺旋不要旋到顶端,使用各种螺旋都应均匀用力,以免损伤螺纹。

(5)在野外使用仪器时,应该撑伞,严防日晒雨淋。

(6)在仪器发生故障时,应及时向指导教师报告,不得擅自处理。

### (四)仪器的搬迁

(1)在行走不便的地区迁站或远距离迁站时,必须将仪器装箱之后再搬迁。

(2)在短距离迁站时,可将仪器连同脚架一起搬迁。方法是:先取下垂球,检查并旋紧仪器连接螺旋,松开各制动螺旋使仪器保持初始位置(经纬仪望远镜物镜对向度盘中心,水准仪的水准器向上);再收拢三脚架,左手握住仪器基座或支架放在胸前,右手抱住脚架放在肋下,稳步行走。严禁斜扛仪器,以防碰摔。

(3)在搬迁时,小组其他人员应协助观测员带走仪器箱和有关工具。

### (五)仪器的装箱

(1)每次使用仪器之后,应及时清除仪器上的灰尘及脚架上的泥土。

(2)仪器拆卸时,应先将仪器脚螺旋调至大致同高的位置,再一手扶住仪器,一手松开连接螺旋,双手取下仪器。

(3)仪器装箱时,应先松开各制动螺旋,使仪器就位正确,试关箱盖确认放妥后,再拧紧制动螺旋,然后关箱上锁。若合不上箱口,切不可强压箱盖,以防压坏仪器。

(4)清点所有附件和工具,防止遗失。

### (六)仪器使用注意事项

(1)有太阳时必须给仪器打伞遮阳,防止烈日暴晒;注意防止雨淋仪器和仪器箱。

(2)任何时候,仪器必须有人员看护。

(3)制动螺旋不宜拧得太紧;微动螺旋和脚螺旋宜使用中段,松紧要调节适当。

(4)操作仪器时,用力要均匀,动作要准确、轻捷,用力过大或动作太猛都会对仪器造成损害。

(5)仪器用毕装箱前,应清点箱内附件,如有缺失,要立刻寻找。用软毛刷轻拂仪器表面的灰土,将物镜盖盖好,然后将仪器箱关上,扣紧、锁好。

(6)任务期间尽量使存放仪器的室温与工作地点的温度接近。

(7)棱镜、透镜等光学部件不得用手接触或用毛巾等物擦拭,必要时可使用擦镜纸或鹿皮擦拭。

(8)水准测量时,扶尺员立尺时要用双手扶好,严禁脱开双手。要注意保护好标尺的分划面和底面。观测间歇,不得将标尺随便靠在树上或墙上。

(9)对于电子仪器,应保证其电源电压稳定可靠;绝不可把物镜对向太阳,以免烧毁电子元器件;当出现极端气象天气时,应停止观测。

### （七）仪器出现故障时的处理方法

（1）一旦发现仪器出现故障，应立即停止使用，并及时向指导教师或仪器管理人员汇报，严格禁止擅自拆卸，应由实验室专业维修人员进行维修。

（2）仪器出现故障时，不能勉强“带病”使用，以免增大损坏程度。

（3）当仪器在使用时出现滑落等重大事故时，决不可隐瞒，应及时向指导教师汇报，并将事故的详细经过以书面形式上报至仪器管理部门。

### （八）测量工具的使用

（1）钢尺的使用：应防止扭曲、打结和折断，防止行人踩踏或车辆碾压，尽量避免尺身着水。携尺前进时，应将尺身提起，不得沿地面拖行，以防损坏刻画。用完钢尺应擦净、涂油，以防生锈。

（2）皮尺的使用：应均匀用力拉伸，避免着水、车压。如果皮尺受潮，应及时晾干。

（3）各种标尺、花杆的使用：应注意防水、防潮，防止受横向压力，不能磨损尺面刻画的漆皮，不用时妥善安放。塔尺的使用还应注意接口处的正确连接，用后及时收尺。

（4）测图板的使用：应注意保护板面，不得乱写乱扎，不能施以重压。

（5）小件工具（如垂球、测钎、尺垫等）的使用：应用完即收，防止遗失。

（6）一切测量工具都应保持清洁，专人保管搬运，不能随意放置，更不能作为捆扎、抬、担的其他工具。

## 三、测量资料的记录要求

测量记录是外业观测成果的记载和内业数据处理的依据。在测量记录或计算时必须严肃认真、一丝不苟，严格遵守下列规则。

（1）在测量记录之前，准备好硬芯（2H 或 3H）铅笔，同时熟悉记录表上各项内容及填写、计算方法。

（2）在记录观测数据之前，应将记录表头的仪器型号、日期、天气、测站、观测者及记录者姓名等无一遗漏地填写齐全。

（3）观测者读数后，记录者应随即在测量记录表的相应栏内填写，并复读回报以资检核。不得另纸记录、事后转抄。

（4）记录时要求字迹端正清晰，数位和数字对齐。字体的大小一般占格宽的 1/3～1/2，字脚靠近底线；表示精度或占位的“0”均不可省略。

（5）观测数据的尾数不得更改，读错或记错后必须重测、重记。例如：角度测量时，秒级数字出错，应重测该测回；水准测量时，毫米级数字出错，应重测该测站；钢尺量距时，毫米级数字出错，应重测该尺段。

（6）若观测数据的前几位出错，应用细横线划去错误的数字，并在原数字上方写出正确的数字。注意不得涂擦已记录的数据。禁止连环更改数字。例如：水准测量中的黑、红面读数，角度测量中的盘左、盘右，距离丈量中的往、返量等，均不能同时更改，否则重测。

（7）记录数据修改后或观测成果废去后，均应在备注栏内写明原因（如测错、记错或超限等)。

(8)每站观测结束后,必须在现场完成规定的计算和检核,确认无误后方可迁站。

(9)数据运算应根据所取位数,按“四舍六入,五前单进双舍”的规则进行凑整。

(10)应保持测量记录的整洁,严禁在记录表上书写无关内容,更不得丢弃记录表。

## 四、测量成果的整理、计算及要求

(1)测量成果的整理与计算应用规定的印制表格或事先画好的计算表格进行。

(2)内业计算用钢笔或碳素笔书写,如计算数字有错误,可用刀片刮去重写,或将数字划去另写。

(3)上交计算成果应是原始计算表格,所有计算结果不得另行转抄。

(4)成果的记录、计算的小数取位要按规定执行。

**情景内容：**

某体育馆项目建设之初，为确定其相对标高(±0)，需从已知高程控制点引测到施工现场，现需掌握该方法并能利用相关测量仪器进行高程测量引测工作，从而保证土方工程的顺利进行。

# 任务一　水准仪的认识与使用

水准仪的操作

**【教学目标】**

知识：掌握水准测量原理以及水准仪的构造和使用。

技能：了解 $DS_3$ 型水准仪的基本构造，能够说出其主要部件的名称及功能；能够对水准仪进行安置、瞄准与读数；能够测定地面两点间的高差。

态度：具有严谨认真、实事求是、团结协作、勇于创新、精益求精的敬业精神，以及遵守操作规程、爱护仪器设备的职业道德。

**【相关课点】**

水准测量的仪器与工具；

水准仪的使用方法。

**【建议学时】**

2 学时。

**【教学方法】**

现场教学。

**【前置任务】**

1. 熟悉 $DS_3$ 型水准仪主要部件的名称及功能；
2. 练习使用圆水准器粗略整平仪器；
3. 练习瞄准目标，消除视差和读取水准尺读数；
4. 练习测量地面两点间的高差。

## 一、方法与步骤

### (一)任务准备

以小组为单位领取仪器设备，教师布置训练任务。

## (二)安置仪器

将脚架张开,旋紧脚架伸缩脚螺旋,安置三脚架高度适中,目测估计架头水平,并将脚尖踩入土中。开箱取仪器,并用中心连接螺旋将其连接在三脚架上。

## (三)认识仪器

说出 $DS_3$ 型微倾式水准仪各部件的名称、使用方法,同时弄清水准尺的分划与注记,如图 1-1-1 所示。

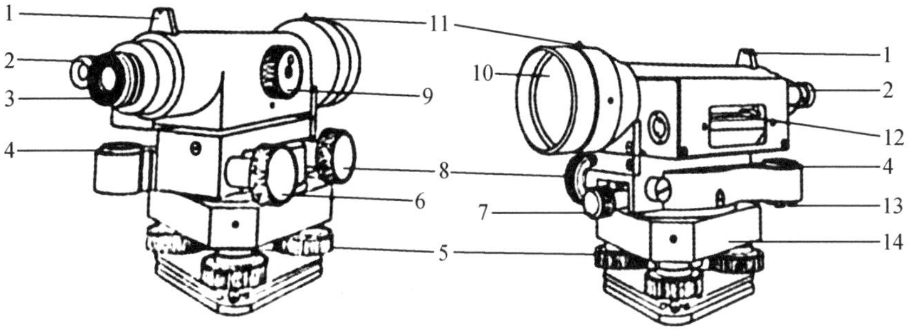


1—缺口;2—符合水准管气泡观察镜;3—目镜调焦螺旋;4—圆水准器;5—脚螺旋;6—微倾螺旋;7—水平制动螺旋;8—水平微动螺旋;9—物镜对光螺旋;10—物镜;11—准星;12—水准管;13—圆水准器校正螺丝;14—轴座。

**图 1-1-1　$DS_3$ 型微倾式水准仪**

## (四)粗略整平

先用双手同时向内(或向外)转动一对脚螺旋,使其符合水准管气泡移动到第三个脚螺旋与仪器中心连线的方向上,如图 1-1-2(a)所示;再转动另一只脚螺旋使圆气泡居中,如图 1-1-2(b)所示;然后转 180°检查气泡是否居中,否则重复上述操作,通常需反复进行,直到气泡在任意方向都居中。注意气泡移动的方向应与左手大拇指移动的方向一致。

## (五)瞄准

司尺人员立水准尺于地面点上,司仪人员松开水准仪制动螺旋,转动仪器,用准星和照门粗略瞄准水准尺,固定制动螺旋;用微动螺旋使水准尺大致位于视场中央;转动目镜对光螺旋进行对光,使十字丝分划清晰,再转动物镜对光螺旋看清水准尺影像;转动水平微动螺旋,使十字丝纵丝平分水准尺。若存在视差,则应仔细进行物镜和目镜对光,予以消除。

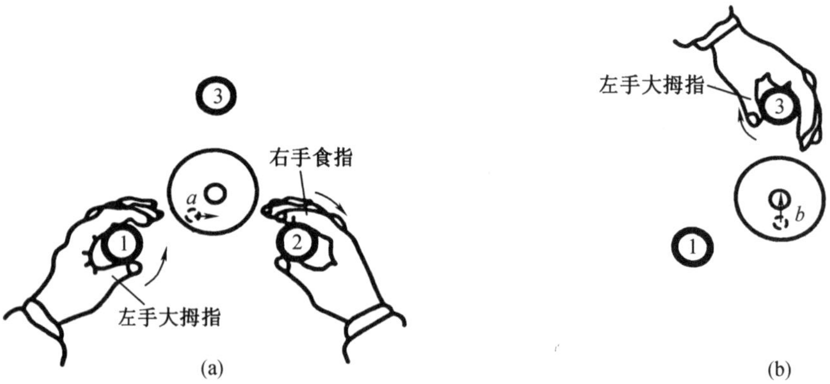


图 1-1-2　粗略整平

(六)精平

精平是指转动微倾螺旋使符合水准管气泡两端的影像吻合(即成一弧状),如图 1-1-3 所示。

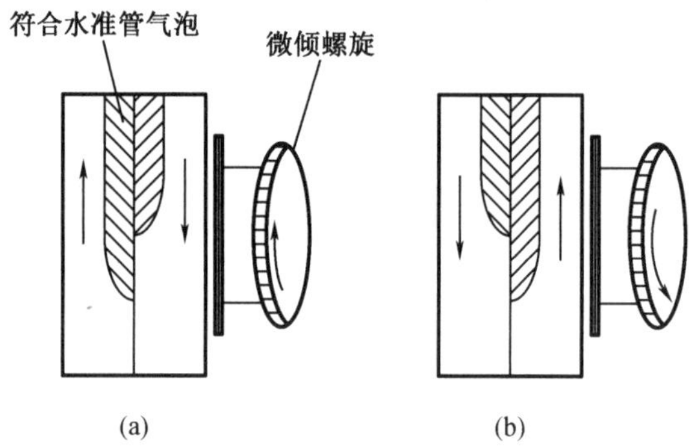


图 1-1-3　符合水准管气泡调节(精平)

(七)读数

用中丝在水准尺上读取 4 位读数,即米、分米、厘米及毫米位。读数时应先估出毫米数,然后按米、分米、厘米及毫米依次读出 4 位数,注意不要错读单位和发生漏"0"现象。

(八)测定地面两点间的高差

1. 在地面选定 *A*、*B* 两个较坚固地点。

2. 在 *A*、*B* 两点间安置水准仪使仪器至 *A*、*B* 两点的距离大致相等。

3. 将水准尺立于 *A* 点,瞄准 *A* 点上竖立的水准尺,精平后读数,此为后视读数,记入表 1-1-1 中后视读数栏下。

4. 再将水准尺立于 *B* 点,瞄准 *B* 点上竖立的水准尺,精平后读数,此为前视读数,记入表 1-1-1 中"前视"读数栏下。

5. 计算 *A*、*B* 两点间的高差:

$$h_{AB}=\text{后视读数}-\text{前视读数}$$

## 二、注意事项

1. 操作仪器过程中，转动各个螺旋时用力要轻。微动螺旋和微倾螺旋不要旋转到极限，应保持在适中的位置。

2. 读中丝读数前一定要消除视差，符合水准管气泡要严格居中。

3. 每次读数前都要精平。

4. 读数时切忌身体任何部位接触仪器。

## 【学习产出】

记录格式见表 1-1-1。

**表 1-1-1　水准测量记录**

日期________　仪器型号________　观测者________　记录者________

| 测站 | 测点 | 水准尺读数 | | 高差/m | | 高程/m |
|---|---|---|---|---|---|---|
| | | 后视/m | 前视/m | + | − | |
| | | | | | | |
| | | | | | | |
| | | | | | | |
| | | | | | | |
| | | | | | | |
| | | | | | | |
| | | | | | | |
| | | | | | | |
| | | | | | | |
| | | | | | | |

注：数据记录要符合《工程测量通用规范》(GB 55018—2021)要求，下同。

# 任务二　普通水准测量

## 【教学目标】

知识：能够建立水准点及三种水准路线的测量，以及执行水准测量的观测程序和方法。掌握应用水准测量的检核方法，并了解水准测量的注意事项。

技能：能够在任务场地布设水准路线；能够独立进行普通水准测量的施测，记录和计算内业成果；能够与小组成员合作完成任务。

态度：具有严谨认真、实事求是、团结协作、勇于创新、精益求精的敬业精神，以及遵守操作规程、爱护仪器设备的职业道德。

## 【相关课点】

水准仪测量的实施；
水准测量成果的计算。

## 【建议学时】

4 学时。

## 【教学方法】

现场教学。

## 【前置任务】

1. 每小组进行一条闭合水准路线的观测（至少观测 4 站）；
2. 检验观测精度，合格后每人独立进行闭合差的调整和高程推算。

## 一、方法与步骤

1. 在地面选定 $A$、$B$、$C$ 三个坚固点作为待定高程点，$BM$ 点作为已知高程点，其高程由指导教师提供。安置仪器于 $BM_0$ 点和 $A$ 点之间，目估前、后视距离相等进行粗略整平。测站编号为 1。

2. 后视 $BM_0$ 点上的水准尺，消除视差，精平后读取后视读数，记入手簿。

3. 前视 $A$ 点上的水准尺，消除视差，精平后读取前视读数，记入手簿。

4. 计算高差：

$$\text{高差}=\text{后视读数}-\text{前视读数}$$

5. 迁至第 2 站继续观测，沿选定的路线，将仪器迁至闭合水准路线示意图 $A$ 点和 $B$ 点的中间，仍用第 1 站施测的方法，后视 $A$ 点，前视 $B$ 点。经过 $B$ 点、$C$ 点连续观测，最后仍回到 $BM_0$ 点，形成一条闭合水准路线。

6. 计算检核：

$$\sum \text{后视读数} - \sum \text{前视读数} = \sum \text{高差}$$

7. 内业计算。

高差闭合差（单位：mm）的计算：

$$f_{\mathrm{h}} = \sum h \quad f_{\mathrm{h容}} = \pm 12\sqrt{n}$$

高差闭合差的调整：

$$v_{\mathrm{h}i} = -\frac{f_{\mathrm{h}}}{\sum n} \cdot n_i$$

注意：调整值保留到整毫米，使各调整值的总和等于负的 $f_{\mathrm{h}}$。

8. 计算待定点高程。根据已知高程点 $BM_0$ 的高程和各点间改正后的高差，计算 $A$、$B$、$C$ 三点的高程，最后算得的 $BM_0$ 点高程应与已知值相等，以资校核。

## 二、注意事项

1. 前、后视距应大致相等。
2. 同一测站圆水准器只能整平一次。
3. 每次读数前都要精平。
4. 水准尺应竖直，水准点和待测点上立尺不放尺垫，只在转点处放尺垫，也可选择有凸出点的坚实地物点作为转点而不用尺垫。
5. 仪器未搬迁，前、后视点处的水准尺不得移动。仪器搬迁后，后视尺才能前进。

## 【学习产出】

记录格式见表 1-2-1。

**表 1-2-1　普通水准测量记录**

日期________　仪器型号________　观测者________　记录者________

| 测站 | 测点 | 水准尺读数 | | 高差/m | | 高程/m |
|---|---|---|---|---|---|---|
| | | 后视/m | 前视/m | + | − | |
| | | | | | | |
| | | | | | | |
| | | | | | | |
| | | | | | | |
| | | | | | | |
| | | | | | | |
| | | | | | | |
| | | | | | | |
| | | | | | | |
| | | | | | | |

## 【成果整理】

成果整理按表 1-2-2 进行。

**表 1-2-2　成果整理**

| 测点 | 测站数 | 实测高差/m | 高差改正数/mm | 改正后高差/m | 高程/m |
|---|---|---|---|---|---|
| | | | | | |
| | | | | | |
| | | | | | |
| 辅助计算 | | | | | |

# 任务三　四等水准测量

三、四等水准测量方法

## 【教学目标】

知识：能够规划双面尺法的观测程序；能够整合测站的计算与校核；能够开展高差计算、检核计算、成果计算。

技能：能够用双面水准尺进行四等水准测量的观测、记录与计算，并熟记四等水准测量的主要技术指标；能够进行测站检核。

态度：具有严谨认真、实事求是、团结协作、勇于创新、精益求精的敬业精神，以及遵守操作规程、爱护仪器设备的职业道德。

## 【相关课点】

三、四等水准测量的观测程序；

三、四等水准测量的成果计算。

## 【建议学时】

4 学时。

## 【教学方法】

现场教学。

## 【前置任务】

1. 每组共同选择一条闭合水准路线（至少 4 个点）；

2. 以小组为单位，用四等水准测量观测水准路线，每人轮流进行观测、记录和计算、立尺等工作的训练；

3. 对测量的数据进行高差闭合差的调整与高程计算。

## 一、方法与步骤

### (一)观测

选择一条闭合水准路线，按下列程序进行逐站观测。

1. 竖立水准尺，安置水准仪。照准后视尺黑面，消除视差并精平后读取黑面下丝、上丝、中丝三丝读数；后视尺由黑面转为红面，读取红面中丝读数，记入手簿。

2. 照准前视尺黑面，消除视差并精平后读取黑面下丝、上丝、中丝三丝读数；前视尺由黑面转为红面，读取红面中丝读数，记入手簿。以上观测程序可简记为“后—后—前—前”。

3. 迁站进行下一站观测，直到观测完成。

### (二)记录和测站计算

将观测数据记入四等水准测量记录表的相应栏内，并及时算出前后视距及前后视距差、累积视距差、红黑面读数差、黑红面高差及高差之差。当符合表 1-3-1 中的限差要求时，方可迁站。

测站的计算和检核。

1. 视距部分。

后视距离：

$$(9)=[(1)-(2)]\times 100$$

前视距离：

$$(10)=[(5)-(6)]\times 100$$

前后视距差：

$$(11)=(9)-(10)$$

视距部分各项限差见表 1-3-1。

**表 1-3-1　三、四等水准测量的主要技术要求**

| 等级 | 视线长度/m | 视线高度/m | 前后视距差 | 前后视距累积差/m | 红黑面读数差/mm | 红黑面高差/mm |
|---|---|---|---|---|---|---|
| 三等 | ≤75 | ≥0.3 | ≤2 | ≤6 | ≤2 | ≤3 |
| 四等 | ≤100 | ≥0.2 | ≤3 | ≤10 | ≤3 | ≤5 |

2. 中丝读数误差计算。

后视尺黑红面读数差：

$$(13)=(3)+K_1-(4)$$

前视尺黑红面读数差：

$$(14)=(7)+K_2-(8)$$

3. 高差计算部分。

黑面所测高差：

$$(15)=(3)-(7)$$

红面所测高差：

$$(16)=(4)-(8)$$

黑红面高差之差：

$$(17)=(15)-(16)\pm 0.1\ \text{m}$$

高差部分各项限差见表 1-3-1。

测站上各项限差若超限，则该测站需重测。若检核合格，计算测站平均高差：

$$(18)=[(15)+(16)0.1]/2$$

然后将仪器搬至下一测站观测。

4. 每页计算总检核。

①高差检核。

黑面各站高差总和：

$$\sum(15)=\sum(3)-\sum(7)$$

红面各站高差总和：

$$\sum(16)=\sum(4)-\sum(8)$$

上两式相加得：

$$\sum(15)+\sum(16)=\sum[(3)+(4)]-\sum[(7)+(8)]$$

偶数站时：

$$\sum(15)+\sum(16)=2\sum(18)$$

奇数站时：

$$\sum(15)+\sum(16)=2\sum(18)\ \pm 0.1\ \text{m}$$

②视距检核。

$$\sum(9)-\sum(10)=(12)_{\text{末站}}$$

$$\text{本页总视距}=\sum(9)+\sum(10)$$

### （三）内业计算

四等水准测量内业计算的程序与普通水准测量程序基本相同，不同的是高差闭合差的容许值。四等水准测量高差闭合差的容许值参见表 1-3-2，计算程序参见任务二中相关内容。

## 二、技术要求

技术要求见表 1-3-1 和表 1-3-2。

**表 1-3-2　高差闭合差限差要求**

单位：mm

| 等级 | 测段、路线往返测高差不符值 | 测段、路线的左右路线高差不符值 | 附合路线或环线闭合差 | | 检测已测测段高程的差 |
|---|---|---|---|---|---|
| | | | 平原 | 山区 | |
| 三等 | $\pm 12\sqrt{K}$ | $\pm 8\sqrt{K}$ | $\pm 12\sqrt{K}$ | $\pm 15\sqrt{K}$ | $\pm 20\sqrt{K}$ |
| 四等 | $\pm 20\sqrt{K}$ | $\pm 14\sqrt{K}$ | $\pm 20\sqrt{K}$ | $\pm 25\sqrt{K}$ | $\pm 30\sqrt{K}$ |

注：$K$ 为路线或测段的长度，km。山区指高程超过 1 000 m 或路线中最大高差超过 400 m 的地区。

## 三、注意事项

1. 在一测站上，观测员操作仪器由后视转为前视，在读数前一定要再一次转动微倾螺旋，使符合水准管气泡居中。

2. 记录员在记录的同时要复读观测员的读数，并及时进行测站计算校核，符合要求后方可迁站，否则应重测。

3. 记录员记录数据要工整清晰，计算准确无误，不能涂改。字码有误时，可用斜线划掉，在原字码的上方或下方添上正确字码，在备注栏里要注上划改的原因。

4. 后视尺在仪器未迁站时不得移动，仪器迁站时前尺不得移动。

## 【学习产出】

记录格式见表 1-3-3。

**表 1-3-3　四等水准测量外业记录表**

日期________　仪器型号________　观测者________　记录者________

| 测站编号 | 后尺 下丝 | 前尺 下丝 | 方向及尺号 | 标尺读数/m | | K+黑-红/mm | 高差中数/m | 备注 |
|---|---|---|---|---|---|---|---|---|
| | 后尺 上丝 | 前尺 上丝 | | | | | | |
| | 后视距 | 前视距 | | 黑面 | 红面 | | | |
| | 视距差 | 累积差 | | | | | | |
| | (1) | (5) | 后$K_1$ | (3) | (4) | (13) | (18) | |
| | (2) | (6) | 前$K_2$ | (7) | (8) | (14) | | |
| | (9) | (10) | 后—前 | (15) | (16) | (17) | | |
| | (11) | (12) | | | | | | |
| | | | 后 | | | | | |
| | | | 前 | | | | | |
| | | | 后—前 | | | | | |
| | | | | | | | | |
| | | | 后 | | | | | |
| | | | 前 | | | | | |
| | | | 后—前 | | | | | |
| | | | | | | | | |
| 每页检核 | | | | | | | | |

【成果整理】

成果整理按表 1-3-4 进行。

表 1-3-4　水准测量高程计算表

| 测点 | 测站数 | 实测高差/m | 高差改正数/mm | 改正后高差/m | 高程/m |
|---|---|---|---|---|---|
| | | | | | |
| | | | | | |
| | | | | | |
| | | | | | |
| | | | | | |
| | | | | | |
| 辅助计算 | | | | | |

# 任务四　水准仪的检验与校正

【教学目标】

知识：掌握 $DS_3$ 型微倾式水准仪的检验与校正方法；掌握自动安平水准仪的检验和校正方法。

技能：能够说出水准仪的主要轴线及它们之间应满足的几何条件；能够进行水准仪的检验；能够进行水准仪的校正。

态度：具有严谨认真、实事求是、团结协作、勇于创新、精益求精的敬业精神，以及遵守操作规程、爱护仪器设备的职业道德。

【相关课点】

水准仪轴线及应满足的几何关系；

水准仪的检验与校正。

【建议学时】

2 学时。

【教学方法】

现场教学。

## 【前置任务】

1. 水准仪的检验与校正。

2. 任务安排在视野开阔、地面平坦、土质坚硬、长度在 80~100 m 的场地上进行。

3. 各小组对所领水准仪进行检验校正，记录在任务报告中。任务结束时，每组上交一份任务报告。

## 一、方法与步骤

### (一)一般性检验

检查三脚架是否稳固，安置仪器后检查制动螺旋、微动螺旋、对光螺旋、脚螺旋转动是否灵活有效，结果记录在任务报告中。

### (二)圆水准器轴平行于仪器竖轴的检验与校正

检验：转动脚螺旋，使圆水准器气泡居中，将仪器绕竖轴旋转 180°，若气泡仍居中，说明圆水准器轴平行于仪器竖轴，否则需要校正。

校正：如图 1-4-1 所示，用小改锥拧松圆水准器底部中央的固定螺钉，再用校正针拨动圆水准器底部的三个校正螺钉，使气泡返回偏移量的一半，然后转动脚螺旋，使气泡居中。重复上述步骤，直到圆水准器的气泡在仪器旋转到任何位置时都居中。最后拧紧固定螺钉。

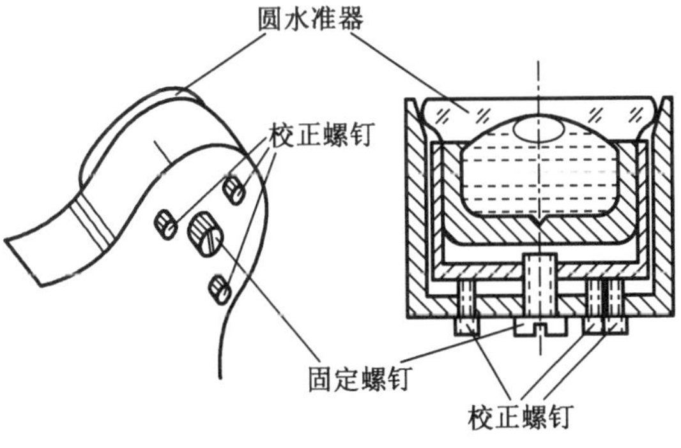


图 1-4-1　圆水准器的校正

### (三)十字丝横丝(中丝)垂直于仪器竖轴的检验与校正

检验：用十字丝横丝一端瞄准固定点状目标，转动微动螺旋，使其移至横丝另一端。若目标点始终在横丝上移动，说明横丝垂直于仪器竖轴，否则需要校正，如图 1-4-2 所示。

校正：旋下十字丝分划板护罩，用小改锥松开十字丝分划板座的固定螺钉，微微转动。

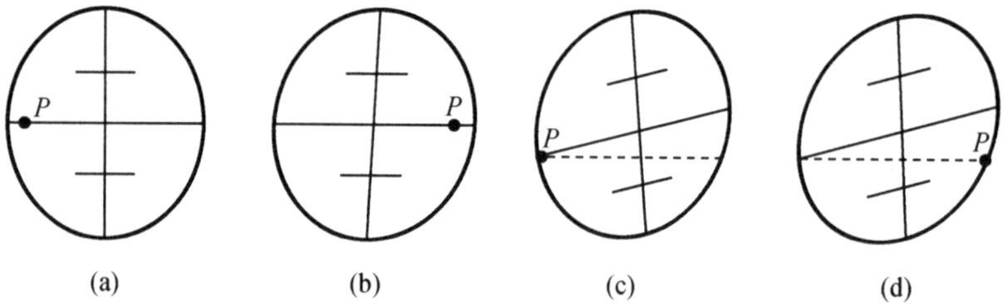


图 1-4-2　十字丝的检验

十字丝分划板座,使十字丝横丝端点至点状目标的间隔减小一半,再反转到起始端,如图 1-4-3 所示。重复上述步骤,直到无显著误差。最后将固定螺钉拧紧。

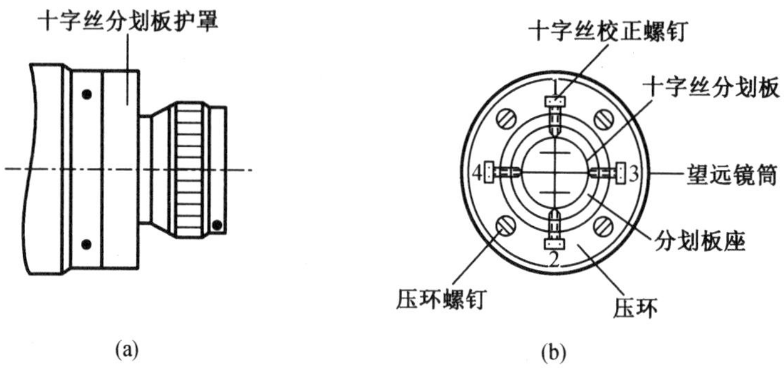


图 1-4-3　十字丝的校正

## (四)水准管轴平行于视准轴的检验与校正

检验:在地面上选 $A$、$B$ 两点,相距 80~100 m,各点钉木桩(或放置尺垫),并量出中点 $C$ 打桩。安置水准仪于 $C$ 点,立水准尺于 $A$、$B$ 两点。采用改变仪器高度法两次测出 $A$、$B$ 两点间高差 $h_{AB}$,两次测得高差之差绝对值≤3 mm,取其平均值作为 $A$、$B$ 两点间的正确高差,如图 1-4-4 所示。

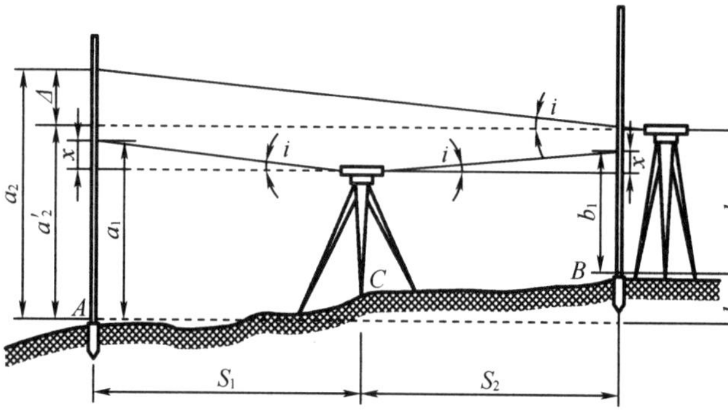


图 1-4-4　水准管轴平行于视准轴的检验

将水准仪搬到靠近 $B$ 点处，整平仪器后，瞄准 $B$ 点水准尺，读数为 $b_2$。由于 $i$ 角很小，且仪器距离 $B$ 点较近，导致读数 $b_2$ 的误差很小，可以忽略不计。将此读数视为视线水平时的读数。

瞄准 $A$ 点水准尺，读数为 $a_2$，$a_2$ 的误差较大。根据已知的高差可以计算出视线水平时的正确读数 $a_2'$，$a_2'=b_2+h_{AB}$。若 $a_2'=a_2$，则表明管水准器平行于视准轴，满足几何条件；若 $a_2'\neq a_2$，则表明存在角误差，其值为

$$i=\frac{\Delta}{S_{AB}}\rho$$

式中，$\Delta=a_2-a_2'$；$S_{AB}$ 为 $A$、$B$ 两点间距离；$\rho=206\ 265''$。

当 $i>20''$ 时需要校正。

校正：转动微倾螺旋，使横丝对准正确读数 $a_2'$，这时水准管气泡偏离中央，用校正针拨动水准管一端的上、下两个校正螺钉，使气泡居中，如图 1-4-5 所示。再重复以上检验、校正步骤，直到 $i\leqslant 20''$。

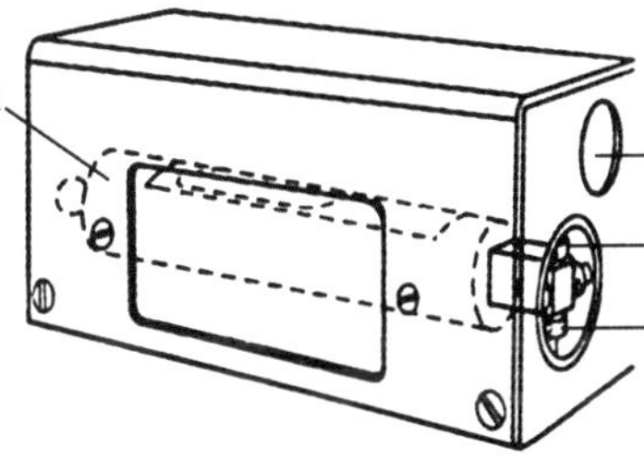


图 1-4-5　管水准器轴校正

## 二、注意事项

1. 按照任务步骤进行检验，确认检验无误后方可进行校正。

2. 转动校正螺钉时，应先松后紧，松紧适当。校正完毕后，旋紧各个固定螺旋，上好护盖，以防脱落。

3. 拨动校正螺钉时，切不可用力过猛，以免损坏仪器。

4. 校正后，应再进行一次检验，看是否符合要求。

5. 本任务项目要求学生只做水准仪的检验，仪器的校正应在指导教师的指导下进行。

## 【学习产出】

记录格式见表 1-4-1～表 1-4-4。

表 1-4-1　一般性检验记录

| 检验项目 | 检验结果 |
|---|---|
| 三脚架是否牢固 | |
| 脚螺旋是否有效 | |

**表 1-4-1**(续)

| 检验项目 | 检验结果 |
| --- | --- |
| 制动与微动是否有效 | |
| 微倾螺旋是否有效 | |
| 对光螺旋是否有效 | |
| 望远镜成像是否清晰 | |

**表 1-4-2　圆水准器轴平行于竖轴的检验与校正记录**

| | |
| --- | --- |
| 脚螺旋整平并旋转 180°时的气泡位置 | |
| 校正后的气泡位置 | |

**表 1-4-3　十字丝横丝垂直于竖轴的检验与校正记录**

| 十字丝横丝与目标点的位置关系 | |
| --- | --- |
| 检验前位置 | 检验后位置 |
| | |

**表 1-4-4　视准平行于水准管轴的检验记录**

| 仪器位置 | 项目 | 第一次 | 第二次 | 备注 |
| --- | --- | --- | --- | --- |
| 在中间测高差 | *A* 尺上读数 $a_1$ | | | |
| | *B* 尺上读数 $b_1$ | | | |
| | $h$ | | | |
| | 平均高差 | | | |
| 在 *B* 点附近检验 | *A* 尺上读数 | | | |
| | *B* 尺上读数 | | | |

**情景内容：**

某体育馆项目建设之初，为确定其平面点坐标，需要进行平面控制测量工作，常采用的方法为导线测量，现需掌握该方法并能利用相关测量仪器进行平面控制测量引测工作，从而保证基础工程施工的顺利进行。

# 任务五　$DJ_6$ 型光学经纬仪的认识与使用

经纬仪的
操作与使用

## 【教学目标】

知识：能够分析 $DJ_6$ 型光学经纬仪的性能；能够开展光学经纬仪的使用；能够进行光学经纬仪的对中和整平，并整合光学经纬仪的瞄准与配置度盘。

技能：能够说出 $DJ_6$ 型光学经纬仪的构造和各主要部件的名称及功能；能够进行水平、竖直制动螺旋和微动螺旋的正确操作；会正确读取水平度盘和竖直度盘的读数；会用经纬仪进行对中、整平操作。

态度：具有严谨认真、实事求是、团结协作、勇于创新、精益求精的敬业精神，以及遵守操作规程、爱护仪器设备的职业道德。

## 【相关课点】

角度测量原理；
经纬仪的使用方法。

## 【建议学时】

2 学时。

## 【教学方法】

现场教学。

## 【前置任务】

1. 认识经纬仪的组成、各个部件的名称以及功能；
2. 练习经纬仪的对中、整平方法；
3. 练习经纬仪的瞄准；
4. 练习水平度盘读数和竖直度盘读数。

## 一、方法与步骤

1. 在任务场地钉一木桩，桩顶钉一小钉或画十字标志作为测站点的点位，或者选择已有的测量点位标志。先将三脚架架于测站点上方,然后取出仪器,与三脚架头上的中心连接螺旋相连接,不宜用力过度。

2. 了解 $DJ_6$ 型光学经纬仪的基本构造、各部件名称,掌握其操作方法。$DJ_6$ 型光学经纬仪结构如图 1-5-1 所示。

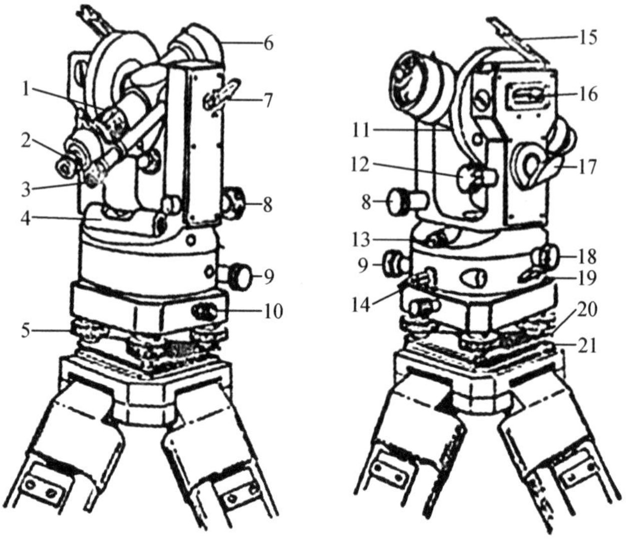


1—对光螺旋;2—目镜;3—读数显微镜;4—照准部水准管;5—脚螺旋;6—望远镜物镜;7—望远镜制动螺旋;8—望远镜微动螺旋;9—水平微动螺旋;10—中心锁紧螺旋;11—竖直度盘;12—竖盘指标水准管微动螺旋;13—光学对中器目镜;14—水平制动螺旋;15—竖盘指标水准管反光镜;16—竖盘指标水准管;17—反光镜;18—度盘变换手轮;19—保险手柄;20—托板;21—底板。

**图 1-5-1 $DJ_6$ 型光学经纬仪结构**

3. 对中:使仪器水平度盘中心与地面测站点位于同一铅垂线上。

常用的对中方法有垂球对中和光学对中两种。垂球对中的误差一般可控制在 3 mm 以内,而光学对中的误差可控制在 1 mm 以内。本次任务中采用光学对中的方法。

光学对中时应保持三脚架头处于大致水平位置。初步对中时,先使三脚架的一腿着地,然后双手执另两腿做前后、左右移动,使对中器十字交点对准桩顶小钉,将架脚踩入土中。稍微旋松架头连接螺旋,移动基座部分,使对中器十字交点准确对中测站点。然后调节脚架腿伸缩,使照准部水准管气泡居中。

4. 整平:将仪器的水平度盘置于水平位置。

旋转仪器照准部至水准管与任意两个脚螺旋连线平行,相对调节两个脚螺旋,使水准管气泡居中,然后将仪器照准部旋转 90°,再调节第三个脚螺旋,使水准管气泡居中,如图 1-5-2 所示。此项工作反复数次,直至在任何位置气泡偏差不超过一格(2 mm)。

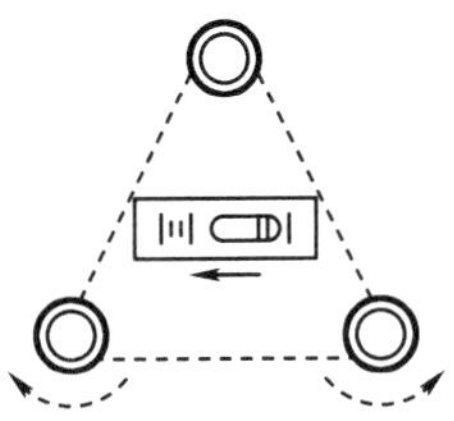


图 1-5-2　仪器的精平

5. 瞄准:用望远镜瞄准目标。

(1)将望远镜对向亮处(天空),调节目镜调焦螺旋,使十字丝像清晰。

(2)转动照准部与望远镜,先用镜外瞄准装置对准目标,旋紧望远镜与照准部制动螺旋。

(3)调节物镜调焦螺旋,使目标像清晰。

(4)调节望远镜与照准部微动螺旋,使十字丝交点精确对准目标,并注意消除视差。

(5)读数:读取水平度盘与竖直度盘读数。

打开反光镜,调节读数显微镜目镜,使度盘与分微尺像同时清晰。

读数时,在读数窗内的分微尺(分微尺有 60 小格,每小格代表 1′)上有一竖直分划线,在分划线(处于分微尺之间的那根)正上方或正下方的数据即为度;根据分划线与分微尺的 0 刻划线所夹的小格数,直接读出分,不足 1 小格估读,要求估读的秒数为 6″的倍数,二者之和即为度盘读数。

读取水平度盘读数。图 1-5-3 中水平度盘读数为 178°05′00″。

调节竖盘指标水准管微动螺旋,使竖盘指标水准管气泡居中(或使气泡影像符合),读取竖直度盘读数。图 1-5-3 中竖直度盘读数为 85°05′00″。

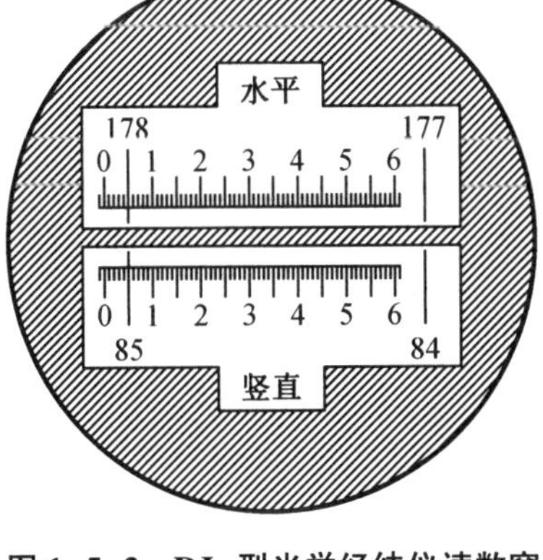


图 1-5-3　$DJ_6$ 型光学经纬仪读数窗

## 二、注意事项

1. 仪器开箱时,必须仔细观察仪器在箱中的安放位置,以便在仪器使用完毕时将其放回箱中。

2. 仪器安装至三脚架上后，必须立即将架头连接螺旋旋紧。各种制动螺旋未放松时，不可强行转动仪器。必须用双手扶着望远镜的支架转动仪器，不允许用手拿着望远镜转动仪器。

3. 仪器上各种螺旋不宜拧得过紧，以免损伤轴身。

4. 读数前要消除视差。

5. 竖盘读数前要调节竖盘指标水准管调节螺旋，使竖盘指标水准管气泡居中，或者打开自动补偿螺旋。

**【学习产出】**

记录格式见表 1-5-1。

**表 1-5-1　$DJ_6$ 型光学经纬仪记录表**

| 测站 | 目标 | 竖盘位置 | 水平度盘读数 | 竖直度盘读数 | 备注 |
|---|---|---|---|---|---|
| | | | | | |
| | | | | | |
| | | | | | |
| | | | | | |
| | | | | | |
| | | | | | |
| | | | | | |
| | | | | | |
| | | | | | |
| | | | | | |

# 任务六　测回法观测水平角

测回法观测水平角

**【教学目标】**

知识：能够应用测回法观测水平角；掌握重复测回法的观测步骤；掌握实施经纬仪测量误差及消减方法。

技能：能够用测回法观测水平角；会进行水平角的记录与计算。

态度：具有严谨认真、实事求是、团结协作、勇于创新、精益求精的敬业精神，以及遵守操作规程、爱护仪器设备的职业道德。

**【相关课点】**

水平角的观测；

测回法。

【建议学时】

4 学时。

【教学方法】

现场教学。

【前置任务】

1. 练习测回法观测水平角的方法;
2. 以小组为单位进行,小组成员测量同一个角的不同测回,每人至少测量一个测回。

## 一、方法与步骤

1. 在施测地区布置 $A$、$B$、$O$ 三点,在 $O$ 点打下木桩,桩顶钉以小钉或画十字标志作为测站点的点位。在 $A$、$B$ 点打下木桩,桩顶钉以小钉或画十字标志点位,桩上各竖立测钎,作为目标点,如图 1-6-1 所示。

图 1-6-1　测回法观测水平角

2. 测回法观测水平角。

(1) 安置经纬仪于 $O$ 点,进行对中。

(2) 将仪器整平,并调节好望远镜,准备观测。

(3) 盘左(正镜)时,先转动照准部,瞄准左目标 $A$,转动度盘变换手轮,使度盘读数在 0°~1°,读取水平度盘读数,设为 $a_2$;然后顺时针方向转动照准部瞄准右目标 $B$,读取水平度盘读数,设为 $b_1$。以上盘左测角一次,称为上半测回,其角值为

$$\beta_L = b_1 - a_1$$

(4) 倒转望远镜(即望远镜横轴转 180°)成盘右(倒镜)时,先瞄准右目标 $B$,读取水平度盘读数,设为 $b_2$;然后逆时针方向转动照准部瞄准左目标 $A$,读取水平度盘读数,设为 $a_2$。以上盘右测角一次,称为下半测回,其角值为

$$\beta_R = b_2 - a_2$$

上半测回与下半测回所测角值之差的绝对值不得超过 40°,即

$$|\beta_L - \beta_R| \leqslant 40''$$

两个半测回合起来称为一测回，则该测回的水平角为

$$\beta=(\beta_L+\beta_R)/2$$

如果两个半测回所测角值之差的绝对值超过 40″，应检查原因，若属于观测错误，则必须重新观测。

## 二、注意事项

1. 目标不能瞄错，应尽量瞄准测钎的底端。

2. 计算时，需注意左角和右角的区别，用右侧目标读数减去左侧目标读数，若计算出现负值，应将计算结果加上 360°，使水平角值在 0°～360°。

3. 水平角观测时，应随测随记。观测完毕，应立即将水平角值算出。先将上半测回测完，再进行下半测回观测，并注意检核 $|\beta_L-\beta_R|\leq 40''$，超限应重测。

4. 不同测回之间可按 180°/$n$ 配置水平度盘。如：需测两个测回时，即第一测回将起始方向的水平度盘配置到 0°00′或稍大于 0°00′处后再进行观测；第二测回则将起始方向的水平度盘配置到 90°00′处或稍大于 90°00′处再进行观测。

5. 不同测回间水平角互差应小于 24″，超限应重测。

6. 读记错误的秒值不许改动，应重新观测。读记错误的度、分值必须在现场更改，但同一方向的盘左、盘右、半测回方向值三者不得同时更改两个相关数据，同一测站不得有两个相关数据连环更改，否则均应重测。

## 【学习产出】

记录格式见表 1-6-1。

**表 1-6-1　测回法观测水平角**

仪器型号________　天气________　日期________　观测________　记录________

| 测站 | 测回 | 目标 | 竖盘位置 | 水平度盘读数 /(°　′　″) | 半测回水平角 /(°　′　″) | 一测回水平角 /(°　′　″) | 各测回平均水平角 /(°　′　″) |
|---|---|---|---|---|---|---|---|
| | | | | | | | |
| | | | | | | | |
| | | | | | | | |
| | | | | | | | |
| | | | | | | | |
| | | | | | | | |
| | | | | | | | |
| | | | | | | | |

# 任务七　全圆测回法观测水平角

全圆测回法观测水平角

## 【教学目标】

知识:能够应用全圆测回法观测水平角;能够整合水平角的观测方法及记录、计算;能够复述全圆测回法的计算及限差规定。

技能:能够进行全圆测回法观测水平角的观测、记录与计算;熟知各项技术指标。

态度:具有严谨认真、实事求是、团结协作、勇于创新、精益求精的敬业精神,以及遵守操作规程、爱护仪器设备的职业道德。

## 【相关课点】

全圆测回法。

## 【建议学时】

2 学时。

## 【教学方法】

现场教学。

## 【前置任务】

1. 练习全圆测回法观测水平角,每组选择至少 4 个方向进行观测;
2. 要求每个同学至少观测一测回,并独立完成记录、计算;
3. 以小组为单位实施,小组成员测量共同方向、不同测回;
4. 各测回起始目标在度盘上的读数按 $180°/n$ 进行配置。

## 一、方法与步骤

1. 如图 1-7-1 所示,将经纬仪或全站仪安置在测站点 $O$ 上进行对中、整平。然后经纬仪(全站仪)在盘左位置瞄准 4 个目标中通视良好的目标作为起始目标 $A$,配置度盘在 0°~1°,读取度盘读数,记入手簿。

2. 顺时针方向转动照准部依次瞄准目标 $B$、$C$、$D$,分别读取各目标方向在度盘上的读数,最后顺时针转动照准部再瞄准起始目标 $A$,并读取目标方向在度盘上的读数,记入手簿。至此,完成全圆测回法观测水平角的上半测回的观测。

3. 打开照准部水平制动螺旋和望远镜制动螺旋,将仪器由盘左变为盘右,瞄准上半测回最后观测的目标 $A$,读取度盘读数。然后逆时针转动照准部依次瞄准目标 $D$、$C$、$B$、$A$,分别读取各自在度盘上的读数，记入手簿。*A* 目标两次读数之差称为下半测回归零差，要求归零差≤18″。至此，完成全圆测回法一个测回的观测。

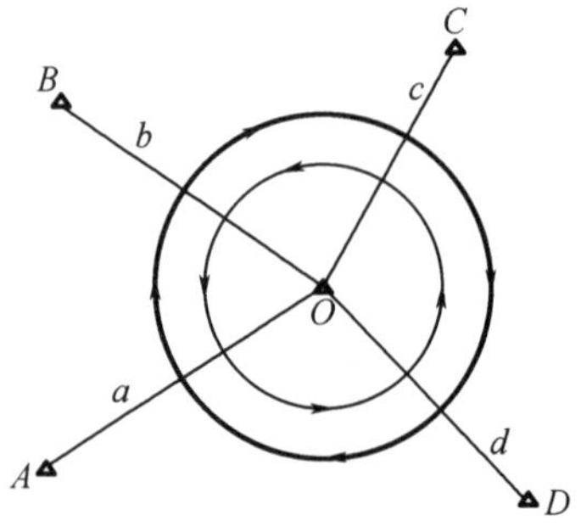


**图 1-7-1　全圆测回法观测示意图**

4. 计算 2C 值：

$$2C = 盘左读数 L - (盘右读数尺 \pm 180°)$$

$DJ_2$ 型经纬仪要求 2C 互差≤13″，$DJ_6$ 型经纬仪不作此要求。

5. 计算同一测回目标平均方向值和归零方向值：

$$平均方向值 = [L + (R \pm 180°)]/2$$

$$归零方向值 = 目标平均方向值 - 起始目标平均方向值$$

6. 计算各测回同一目标归零方向值的平均值。

规范规定：$DJ_2$ 型经纬仪各测回同一目标归零方向值互差≤9″；$DJ_6$ 型经纬仪各测回同一目标归零方向值互差≤24″。

7. 水平角计算。

## 二、注意事项

1. 瞄准目标时要瞄准目标杆底部。
2. 瞄准目标和度盘读数时一定要消除视差。
3. 记录、计算人员要边记录边计算，发现精度不符合要求时，及时提醒观测人员重测。

## 【学习产出】

记录格式见表 1-7-1。

**表 1-7-1　全圆测回法观测水平角**

仪器型号________　天气________　日期________　观测________　记录________

| 测站 | 测点 | 水平度盘读数 | | 2C /(″) | 平均读数 /(° ′ ″) | 归零方向值 /(° ′ ″) | 各测回平均方向值 /(° ′ ″) | 水平角值 /(° ′ ″) |
|---|---|---|---|---|---|---|---|---|
| | | 盘左 /(° ′ ″) | 盘右 /(° ′ ″) | | | | | |
| | | | | | | | | |
| | | | | | | | | |
| | | | | | | | | |
| | | | | | | | | |
| | | | | | | | | |
| | | | | | | | | |
| | | | | | | | | |
| | | | | | | | | |
| | | | | | | | | |
| | | | | | | | | |
| | | | | | | | | |
| | | | | | | | | |
| | | | | | | | | |
| | | | | | | | | |
| | | | | | | | | |
| | | | | | | | | |
| | | | | | | | | |
| | | | | | | | | |
| | | | | | | | | |
| | | | | | | | | |

# 任务八　竖直角测量

竖直角测量

## 【教学目标】

知识：能够解释竖直角的概念及其测量原理；能够解构竖直度盘的构造；能够整合竖直角计算、指标差、观测。

技能：能够进行竖直角的观测与计算；会计算竖盘指标差。

态度：具有严谨认真、实事求是、团结协作、勇于创新、精益求精的敬业精神，以及遵守操作规程、爱护仪器设备的职业道德。

【相关课点】

竖直角的观测。

【建议学时】

2 学时。

【教学方法】

现场教学。

【前置任务】

1. 每人完成一个竖直角两个测回的观测任务；
2. 竖盘指标差<24″。

## 一、方法与步骤

1. 在施测地区布置一个点 $O$，打下木桩，桩顶钉以小钉或画十字标志作为测站点的点位。

2. 安置仪器在测站点 $O$ 上，进行对中、整平，准备观测。

3. 在盘左位置，望远镜瞄准一高处目标点 $A$ 或低处目标点 $B$（如建筑物顶部或花杆顶部等），如图 1-8-1 所示，然后调节竖盘指标水准管微动螺旋，使竖盘指标水准管气泡严格居中，再读取竖盘读数 $L$。

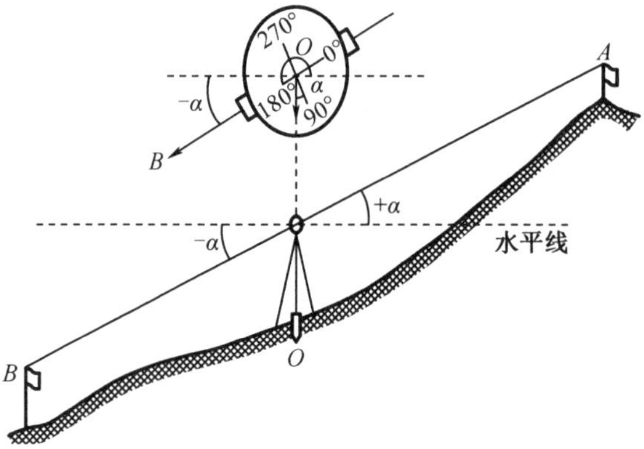


图 1-8-1　竖直角观测示意图

4. 在盘右位置，再次瞄准同一目标，使竖盘指标水准管气泡严格居中后读取竖盘读数 $R$。

5. 计算竖盘指标差 $x$，计算公式为

$$x=(L+R-360^\circ)/2 \quad 或 \quad x=(\alpha_R-\alpha_L)/2$$

竖盘指标差 $x$ 应以秒为单位。

计算竖直角 $\alpha$,计算公式为

$$\alpha_L=90°-L;\alpha_R=R-270°;\alpha=(\alpha_R+\alpha_L)/2$$

其中,平均竖直角以度分秒为单位。

## 二、注意事项

1. 竖直角观测时,应尽量用十字丝横丝切准目标的顶部。

2. 竖直角观测时,每次读数前应使竖盘指标水准管气泡居中,或者打开竖盘指标自动补偿螺旋。

3. 同一台仪器观测数据的指标差之间的互差不得超过 24″,超限应重测。

4. 竖直角有正负之分,计算结果应在-90°~90°。

## 【学习产出】

记录格式见表 1-8-1。

**表 1-8-1　竖直角测量记录计算表**

| 测站 | 目标 | 竖盘位置 | 竖直度盘读数/(°　′　″) | 竖直角/(°　′　″) | 竖盘指标差/(″) | 平均竖直角/(°　′　″) |
|---|---|---|---|---|---|---|
| | | | | | | |
| | | | | | | |
| | | | | | | |
| | | | | | | |
| | | | | | | |
| | | | | | | |
| | | | | | | |
| | | | | | | |

# 任务九　视 距 测 量

视距测量

## 【教学目标】

知识:能够比较水准仪视距和经纬仪视距测量的定义与原理;能够使用视距测量的计算方法;能够推动视距测量的实施。

技能:能够进行视线水平时两点间距离和高差的测量、记录与计算;能够进行视线倾斜时两点间距离和高差的测量、记录与计算。

态度:具有严谨认真、实事求是、团结协作、勇于创新、精益求精的敬业精神,以及遵守

操作规程、爱护仪器设备的职业道德。

**【相关课点】**

视距测量的概念;
视距测量的计算方法。

**【建议学时】**

2学时。

**【教学方法】**

现场教学。

**【前置任务】**

1. 练习经纬仪视距测量的观测与记录、计算;

2. 每组同学各人轮换测量周围5个固定点,将观测数据记录在任务报告中,并计算出水平距离与高差;

3. 水平角、竖直角读数到分,水平距离计算到0.1 m,高差计算到0.1 m。

## 一、方法与步骤

1. 在测站点上安置经纬仪,对中、整平,然后用小钢尺量取仪器高度 $i$(精确到 cm),假定测站点地面高程为 $H_0$。

2. 选择若干个地形点,在每个点上竖立水准尺,读取下、上丝读数,中丝读数 $v$(可取与仪器高度相等,即 $v=i$),竖直度盘读数 $L$,并分别记入手簿。竖盘读数时,竖盘指标水准管气泡要居中。

3. 用公式 $D=KL\cos^2\alpha$ 和 $h=D\tan\alpha+i-v$ 计算水平距离和高差。用公式 $H_i=H_0+h$ 计算高程。

## 二、注意事项

1. 视距测量前应校正竖盘指标差。

2. 立尺时应严格竖直。

3. 仪器高度、中丝读数和高差计算应精确到 cm,水平距离应精确到 dm。

4. 在测量水平距离时,可以采取快速读尺法,即转动望远镜微动螺旋,使十字丝上丝(或下丝)移动到某一整分划边缘,然后从上丝(或下丝)开始向下丝(或上丝)方向数小格数,数到下丝(或上丝),1小格(1 cm)代表实地上的1 m,不足1小格的部分估读,然后加在一起即水平距离。

**【学习产出】**

记录格式见表1-9-1。

**表 1-9-1　视距测量记录表**

测站名称________　测站高程________　仪器高度________

仪器型号________　天气________　日期________　观测者________　记录者________

| 点号 | 视距读数 | | 视距<br>/m | 中丝读数<br>/m | 竖盘读数<br>/(°　′　″) | 平距/m | 高差/m | 高程/m |
|---|---|---|---|---|---|---|---|---|
| | 下丝 | 上丝 | | | | | | |
| | | | | | | | | |
| | | | | | | | | |
| | | | | | | | | |
| | | | | | | | | |
| | | | | | | | | |
| | | | | | | | | |
| | | | | | | | | |
| | | | | | | | | |
| | | | | | | | | |
| | | | | | | | | |
| | | | | | | | | |
| | | | | | | | | |
| | | | | | | | | |
| | | | | | | | | |

# 任务十　全站仪导线测量

全站仪的操作

## 【教学目标】

知识:掌握全站仪导线测量的外业工作;能够整合以坐标为观测值的导线内业计算。

技能:能够熟练完成图根导线测量外业工作;能够熟练进行导线测量内业计算。

态度:具有严谨认真、实事求是、团结协作、勇于创新、精益求精的敬业精神,以及遵守操作规程、爱护仪器设备的职业道德。

## 【相关课点】

导线测量的概述;

导线测量的外业工作;

导线测量的内业计算。

## 【建议学时】

4 学时。

## 【教学方法】

现场教学。

## 【前置任务】

1. 以小组为单位,完成由 4~6 个点组成的闭合或附合导线外业观测工作,包括选点建立标志、角度测量、距离测量;

2. 独立完成导线内业计算。

## 一、方法与步骤

### (一)踏勘选点,建立标志

根据测区的情况进行选点。选点时要求通视条件良好,能够测到尽可能多的地形特征点。在地形较为复杂的地方,需同时考虑导线支点的布设。本次任务各组在指定地区内根据已建立的固定标志为导线点,如图 1-10-1 所示。以西南角点为起点,按顺时针方向进行编号,绘出草图。

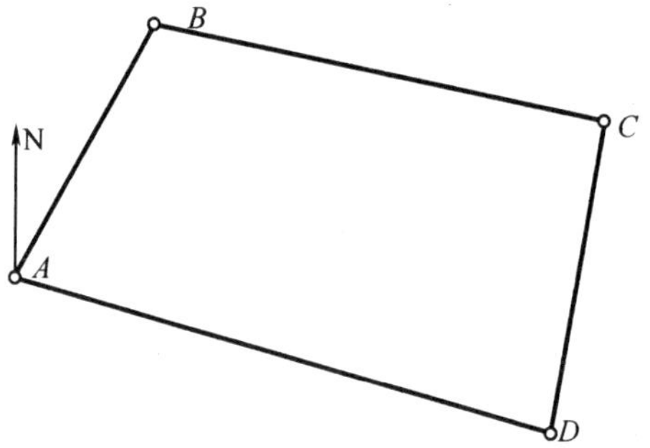


**图 1-10-1　导线示意图**

### (二)导线边长丈量

用全站仪对向测量导线边长。丈量精度要求不低于 1/2 000。

### (三)导线的角度观测

用测回法观测导线边所夹的转折角(闭合导线测量内角)。要求盘左与盘右两次测角的差值不大于 40″。导线角度闭合差应不超过$\pm 60\sqrt{n}$。

### (四)罗盘仪测定导线起始边的磁方位角

要求正向与反向观测。直线的正、反方位角的较差应为(180°±30′)。将反方位角±180°后与正方位角取均值,作为起始边方位角方向值;或者根据坐标反算推算起算边的方位角。

## 二、技术要求

图根导线测量技术要求见表 1-10-1。

**表 1-10-1　图根导线测量技术要求**

| 等级 | 导线长度/m | 平均边长/m | 往返丈量较差相对误差 | 测量中误差/(″) | 导线全长相对闭合差 | 测回数 | | 角度闭合差 |
|---|---|---|---|---|---|---|---|---|
| | | | | | | $DJ_2$ | $DJ_6$ | |
| 图根 | ≤1.0*M* | ≤1.5 倍测图最大视距 | 1/3 000 | ±20 | 1/2 000 | | 1 | $\pm 60\sqrt{n}$ |

注：*M* 为测图比例尺的分母；*n* 为测角个数。

## 三、注意事项

1. 选取的导线点应稳妥，便于保存标志和安置仪器，便于控制整个测区。
2. 明确分工，轮流操作。
3. 每站观测完毕随即算出结果，如果不符合要求，应立即重新观测。
4. 导线内角观测结束，应验算角度闭合差，在容许范围内方可进行导线计算。
5. 起始边的正、反方位角如果差值太大，应找出原因，也可另选其他边再测定方位角。

## 四、导线内业计算

### (一)准备工作

将校核过的外业观测数据及起算数据填入“导线测量记录表”，起算数据用双下划线标明。

### (二)角度闭合差的计算与调整

1. 计算角度闭合差。

闭合导线：

$$f_\beta = \sum \beta_{测} - [n - (2)] \times 180°$$

式中，$n$ 为导线边数或转折角数。

附合导线：

$$f_\beta = \alpha_{始} + \sum \beta_{左} - 180°n - \alpha_{终}$$

$$f_\beta = \alpha_{始} + 180°n - \sum \beta_{右} - \alpha_{终}$$

2. 计算角度闭合差的容许值。

角度闭合差的大小反映了水平角观测的质量。图根导线角度闭合差的容许值的计算按表 1-10-1 进行。

如果 $|f_\beta| > |f_{\beta容}|$，说明所测水平角不符合要求，应对水平角重新检查或重测。

如果 $|f_\beta| \leq |f_{\beta容}|$，说明所测水平角符合要求，可对所测水平角进行调整。

3. 计算水平角改正数。

如果角度闭合差不超过其容许值，则将角度闭合差反符号平均分配到各观测水平角

中，也就是每个水平角加相同的改正数 $v_\beta$。$v_\beta$ 的计算公式为

$$v_\beta=-f_\beta/n$$

计算检核：水平角改正数之和应与角度闭合差大小相等、符号相反，即

$$\sum v_\beta=-f_\beta$$

4. 计算改正后的水平角。

改正后的水平角 $\beta$ 等于所测水平角加上水平角改正数，即

$$\beta_{i改}=\beta_i+v_\beta$$

## （三）推算各边的坐标方位角

根据起始边的已知坐标方位角及改正后的水平角，按下式推算其他各导线边的坐标方位角。如果观测角为左角，则用式（1）；如果观测角为右角，则用式（2）。

$$\alpha_{前}=\alpha_{后}+180°+\beta_{左} \tag{1}$$

$$\alpha_{前}=\alpha_{后}+180°-\beta_{右} \tag{2}$$

计算检核：最后推算出起始边坐标方位角应与原有的起始边已知坐标方位角相等（附合导线应与终边方位角一致），否则应重新检查计算。

## （四）坐标增量的计算及其闭合差的调整

1. 计算坐标增量。

根据已推算出的导线各边的坐标方位角和相应边的边长，按下式计算各边的坐标增量：

$$\Delta x_{AB}=D_{AB}\cos\alpha_{AB}$$

$$\Delta y_{AB}=D_{AB}\sin\alpha_{AB}$$

2. 计算坐标增量闭合差。

闭合导线：

$$f_x=\sum\Delta_x$$

$$f_y=\sum\Delta_y$$

附合导线：

$$f_x=\sum\Delta x_{测}-(x_{终}-x_{始})$$

$$f_y=\sum\Delta y_{测}-(y_{终}-y_{始})$$

3. 计算导线全长闭合差 $f_D$ 和导线全长相对闭合差 $K$。

导线全长闭合差：

$$f_D=\sqrt{f_x^2+f_y^2}$$

导线全长相对闭合差：

$$K=\frac{f_D}{\sum D}=\frac{1}{\dfrac{\sum D}{f_D}}$$

以导线全长相对闭合差 $K$ 来衡量导线测量的精度，$K$ 的分母越大，精度越高。图根导线的 $K_{容}$ 为 1/2 000。

如果 $K>K_{容}$，说明测量成果不合格，此时应对导线的内业计算和外业工作进行检查，必

要时需重测。

如果 $K \leqslant K_{容}$,说明测量成果符合精度要求,可以进行调整。

4. 调整坐标增量闭合差。

调整的原则是将 $f_x$、$f_y$ 反号,并按与边长成正比的原则,分配到各边对应的纵、横坐标增量中去。$V_{xi}$、$V_{yi}$ 分别表示第 $i$ 条边的纵、横坐标增量改正数,即

$$V_{xi}=-\frac{f_x}{\sum D}D_i$$

$$V_{yi}=-\frac{f_y}{\sum D}D_i$$

5. 计算改正后的坐标增量。

各边坐标增量计算值加上相应的改正数,即得各边改正后的坐标增量,即

$$\Delta x_{i改}=\Delta x_i+v_{xi}$$
$$\Delta y_{i改}=\Delta y_i+v_{yi}$$

计算检核:改正后纵、横坐标增量的代数和应分别为零(附合导线为终点坐标减去起点坐标)。

## (五)计算各导线点的坐标

根据起始点的已知坐标和改正后各导线边的坐标增量,按下式依次推算出各导线点的坐标:

$$x_{前}=x_{后}+\Delta x_{改}$$
$$y_{前}=y_{后}+\Delta y_{改}$$

## 【学习产出】

记录格式见表 1-10-2。

**表 1-10-2 导线测量记录表**

| 测站 | 目标 | 竖盘位置 | 水平度盘读数/(° ′ ″) | 水平角度/(° ′ ″) | 平均角度/(° ′ ″) | 边长/m |
|---|---|---|---|---|---|---|
| | | | | | | 边号: |
| | | | | | | 往测: |
| | | | | | | 返测: |
| | | | | | | 平均: |
| | | | | | | 边号: |
| | | | | | | 往测: |
| | | | | | | 返测: |
| | | | | | | 平均: |
| | | | | | | 边号: |
| | | | | | | 往测: |
| | | | | | | 返测: |
| | | | | | | 平均: |

# 项目二　土木工程施工技术实践

本篇目的是通过完成《土木工程施工技术与组织》和《房屋建筑学》相关知识的学习，学生能够理解和掌握单位工程施工技术方案和计划制定的步骤、内容和编制方法。同时，通过完成《测量学》相关知识的学习，学生能够掌握测量学的基本知识、基本理论和基本技能，为后续的实际操作奠定坚实基础。本篇内容主要有以下六部分：

任务一：基础工程施工过程及质量控制

任务二：主体工程施工过程及质量控制

任务三：外墙涂料施工过程及质量控制

任务四：砌体及抹灰工程施工过程及质量控制

任务五：防水工程施工过程及质量控制

任务六：电梯安装施工过程及质量控制

质量管理是建筑施工的生命线，是建筑施工得以顺利进行的根本保证。质量管理包括确定质量方针、目标和职责，并通过质量体系中的质量策划、控制、保证和改进来实现这些目标。它是一种有效的体系，能够在保证经济水平最低的基础上，同时考虑充分满足顾客要求，进行市场研究、设计、制造和售后服务，把企业内各部门的研制质量、维持质量和提高质量的活动融为一体。

施工质量控制点是施工质量计划的重要组成部分。凡是涉及关键技术、重要部位、控制难度大、影响大、经验欠缺的施工内容，以及新材料、新技术、新工艺、新设备等，均应列为质量控制点，实行重点控制。这样可以确保施工过程中每一个环节都符合质量标准，从而保证整体工程的质量。

本篇实践指南旨在为学生在专业实践过程中提供参考，以帮助他们圆满完成专业实践任务。为了顺利完成这些任务，学生要充分调动自己的积极性和主动性，适应实践学习方式，通过实践不断提升自身技能和知识水平，为未来的职业发展打下坚实的基础。

# 任务一　基础工程施工过程及质量控制

## 【教学目标】

### 一、知识目标

知识：了解读懂工程地质勘查报告的基本方法。熟练掌握土方工程、基坑工程、一般浅基础和桩基础的施工方法和质量验收标准及方法。

技能：能够编制施工方案，并根据工程实际情况正确选择地基处理方法并进行处理。能够进行地基基础分部工程验收，会填写验收资料，具备建筑工程施工及管理、工程监理等岗位所必需的与基础工程有关的理论知识和操作技能。

态度：具有辩证思维的能力，树立"自信、求实、协作、敬业"的成长目标，具有勤奋向上、严谨细致的良好学习习惯和爱岗敬业的工作态度，遵纪守法，自觉遵守职业道德和行业规范。

## 【相关课点】

基础工程施工流程；

基础工程施工方案编制；

基础工程质量控制要点。

## 【建议学时】

1 周。

## 【教学方法】

1. 一线工人师傅演示、讲解；
2. 指导教师现场指导。

## 【前置任务】

案例分析：某市计划建设一栋 50 层的高层住宅楼，建筑面积约 80 000 $m^2$，采用筏板基础与桩基础相结合的形式，以应对复杂的地质条件和高层建筑的载荷要求。该项目地处市中心，周边环境复杂，对施工过程的管理和质量控制提出了极高的要求。施工方在工程开始前，制定了详尽的施工计划，并采取了一系列质量控制措施，确保基础工程的顺利进行和高质量完成。

## 一、基础工程施工流程

基础工程施工流程如图 2-1-1 所示。

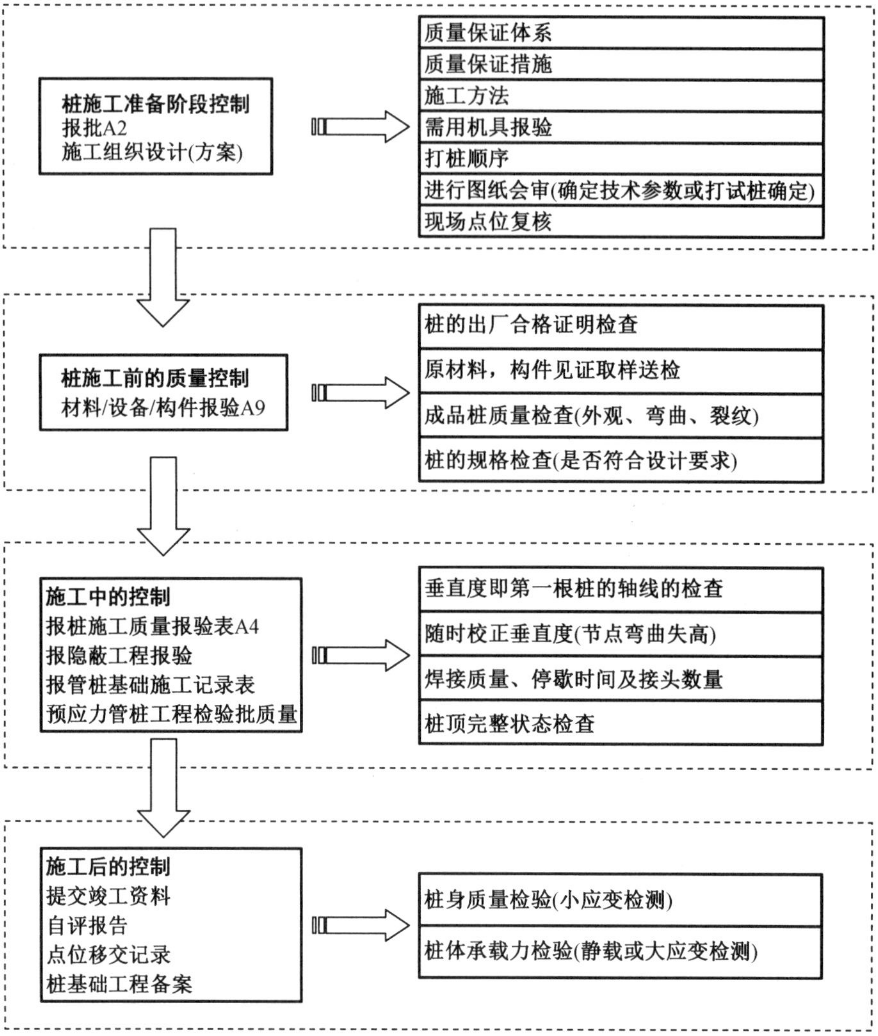


**图 2-1-1　基础工程施工流程图**

## 二、基础工程施工方案编制

### (一)编制依据

1. 合同;
2. 施工图纸;
3. 主要规范、规程、标准;
4. 主要图集;
5. 主要法规;

6. 总公司、局相关文件；
7. 建设单位相关文件；
8. 其他。

### (二)钢筋施工工艺流程

钢筋施工工艺流程如图 2-1-2 所示。

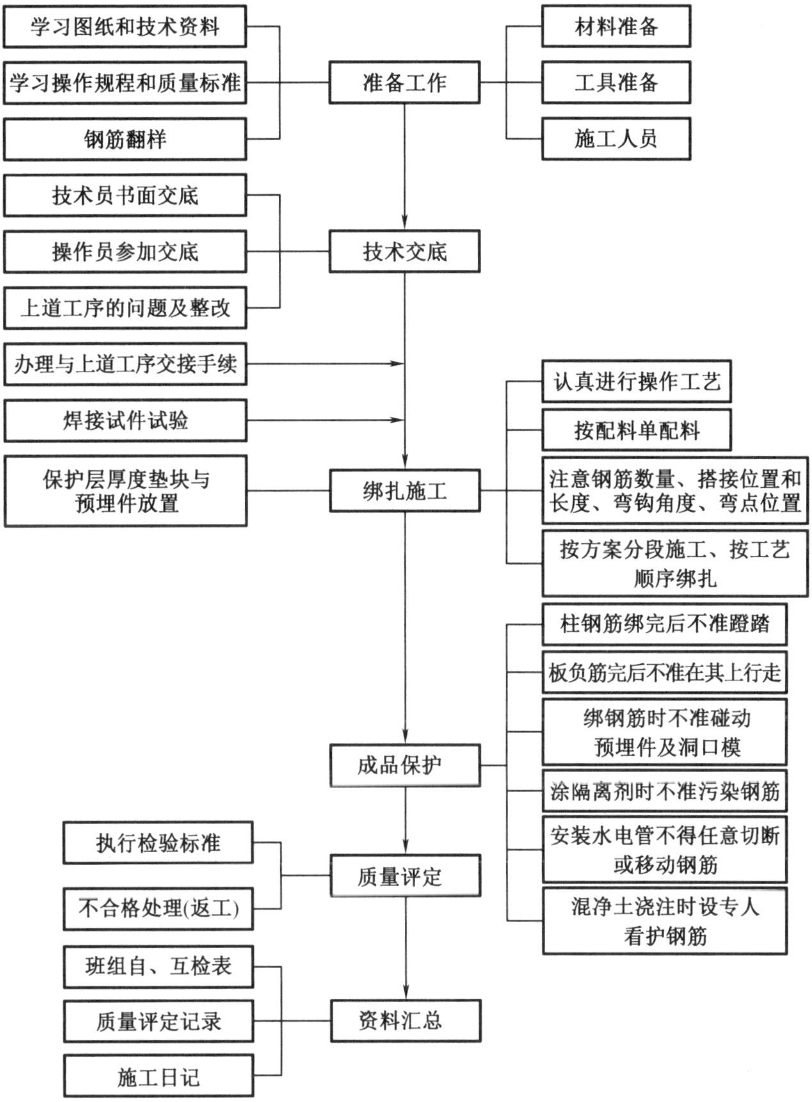


图 2-1-2　钢筋施工工艺流程图

## 三、基础工程质量控制要点

### (一)地基基础施工质量控制的重要性

施工过程是建筑施工质量控制的基础,地基基础工程是建筑质量的关键。整体工程的施工质量直接受地基基础工程的影响。当前,我国建筑地基基础的工程施工情况并不乐观;建筑施工企业出于对工期的要求,在天气情况不佳的情况下,工程施工常常照常进行,并且没有采取相应的措施以保障工程施工质量。加强建筑地基基础施工的管理,建设优质工程,地基基础质量控制是核心。地基施工常见质量问题如下。

**1. 墙体开裂**

建筑物建成以后一般都会出现一定的整体沉降和不均匀沉降,这种现象在软弱地基基础上尤其明显。小的沉降在建筑物控制范围以内,过大的不均匀沉降则会使结构上部发生开裂。在多层砖混结构中,由于砖砌体及灰缝抗拉和抗剪强度较低,当结构地基基础发生不均匀沉降时则会使墙体上产生较明显的斜裂缝或者踏步式的裂缝,这在房屋的窗洞四角位置尤为明显。若房屋中部沉降大于端部,则结构低层窗口会出现面向中部沉降较大的对角斜裂缝。

**2. 地基基础断裂或拱起**

当地基基础的沉降差过大,或者基础设计和施工过程中存在问题时,会导致地基基础的断裂或拱起。

**3. 建筑物下沉过大**

当结构所处地基土较为软弱且地基基础设计不当或计算有误时,则会导致整座结构下沉过大,使结构室外水倒灌,建筑物无法使用。

**4. 地基土液化失效**

地震来临时,饱和砂土或者黏土受到地震作用,土中空隙被水填满,孔隙水压力迅速增加,土的有效应力迅速降低,当有效应力降低为零的时候,土就失去抗剪能力,土粒处于悬浮状态,此时地表缝隙中开始出现喷水冒砂,基础开始沉降甚至失稳,建筑物开始倾斜或破坏。

**5. 地基土软弱**

地基土主要由淤泥、淤泥质土、冲填土等压缩性土层构成,这类地基土强度低、压缩性较大,容易引起建筑物不均匀沉降,造成建筑物开裂及倾斜。

### (二)建筑地基基础施工质量控制要点

**1. 测量放线**

测量放线(图 2-1-3)是建筑地基基础施工工作进行的前提,只有准确、严密的测量工作才能为工程提供必要的技术保障,并保证工程严格依据图纸施工。建筑工程施工测量在很大程度上影响工程施工质量。在实际的施工过程中,必须充分认识到测量工作的重要性,科学管理能够使测量工作更好地为施工质量管理服务,从而提高施工质量。随着科技的进步,工程测量引进了很多高新技术,使得操作更便利、测量更准确、工作效率更高。但这同时需要工程测量人员不断学习高新技术,并熟练应用新技术、新设备。

图 2-1-3　测量放线

**2. 施工材料控制**

材料质量是工程施工质量的基础，若工程使用原材料不符合规定，则工程质量达不到要求。所以，在施工前必须对材料进行质量控制，保证材料质量，从而保证工程施工质量。材料控制要注意如下两点：对供应材料的厂家进行审核；选择从信誉度比较高的供应厂家进购材料。对进场原料进行相关的检验：质量检验报告单的检查、外观的检查。

**3. 完善施工企业质量管理体系，促进质量控制的实施**

保障建筑施工质量的关键是建立齐全的质量控制体系。通过全员、全过程的质量监控以及施工过程记录、监理等，保障建筑地基基础施工的质量，为工程质量打好坚实的基础。

**4. 加强人员管理，保障地基基础施工质量**

在建筑地基基础施工中，人为因素的控制是整个建筑施工质量的重点，施工技术人员的技术能力与管理人员的管理能力对工程施工质量影响重大。管理人员的素质决定了工程技术、管理制度等，所以加强建筑施工过程中人员的控制与管理在建筑施工质量控制中显得尤为重要。

**5. 强化施工过程质量控制**

通过工程施工工序交接监控，对整个工程施工过程的质量能够起到有力地保障作用。工程施工工序交接检查须遵循"若前道工序不合格就无法转入下道工序"的施工原则，以此保障工程施工质量。此外，还需加强对施工过程中机械设备操作使用的监控力度。在进行机械化施工方案的制定和评审时，考虑施工现场条件、施工工艺和方法、施工组织与管理、建筑结构形式、机械设备性能等各种因素，使之合理装备、配套使用、有机联系，以充分发挥建筑机械的效能，力求取得最优的经济效益。对施工设备的使用和操作必须进行着重的监控，通过合理使用机械设备，来保证项目施工质量。同时要求施工人员必须严格依据操作规程对设备进行操作，避免出现机械使用事故，造成人员伤亡。

## 【前置任务】

### 【案例背景】

某市计划建设一栋 50 层的高层住宅楼，建筑面积约 80 000 $m^2$，采用筏板基础与桩基础相结合的形式,以应对复杂的地质条件和高层建筑的载荷要求。该项目地处市中心,周边环境复杂,对施工过程的管理和质量控制提出了极高的要求。施工方在工程开始前,制定了详尽的施工计划,并采取了一系列质量控制措施,确保基础工程的顺利进行和高质量完成。

**【分析内容】**

**1. 施工前期准备工作**

(1)地质勘查:对施工场地进行详细的地质勘查,了解地下土层的分布情况、地下水位、土质性质等,为基础设计提供科学依据。

(2)设计审核:邀请资深结构工程师和地质专家对基础设计图纸进行详细审核,确保设计方案的合理性和可行性。重点检查桩基础和筏板基础的尺寸、材料和施工工艺。

(3)施工方案制定:根据地质勘察报告和设计要求,制定详细的施工方案。该方案包括施工流程、工艺标准、安全措施和质量控制计划。特别关注桩基础的施工顺序和筏板基础的浇筑工艺。

(4)人员培训:施工前对所有施工人员进行专项培训,确保他们熟悉基础工程的施工技术和质量要求。培训内容包括桩基础施工、钢筋绑扎、混凝土浇筑等关键工序。

**2. 桩基础施工**

(1)桩基础施工准备:在施工前,根据设计要求,对桩位进行放线和标定,确保桩位准确无误。对施工设备进行全面检查,确保设备状态良好。

(2)钻孔桩施工:采用旋挖钻机进行钻孔,控制钻孔深度和垂直度,确保每根桩的钻孔位置和尺寸符合设计要求。在钻孔过程中,及时清理孔内泥浆,防止孔壁塌陷。

(3)钢筋笼制作与安装:根据设计要求制作钢筋笼,确保钢筋的规格、数量和绑扎质量符合规范。将钢筋笼准确安装到位,确保其位置和高度符合设计要求。

(4)灌注混凝土:采用导管法灌注混凝土,确保混凝土的均匀密实。灌注过程中,控制混凝土的配合比和浇筑速度,防止混凝土离析和孔洞产生。

**3. 筏板基础施工**

(1)基础开挖:根据设计要求,进行基础开挖,控制开挖深度和坡度。开挖过程中,注意排水措施,防止基坑积水和塌方。

(2)垫层施工:在基坑底部铺设垫层,采用细石混凝土进行浇筑,确保垫层的平整度和强度符合设计要求(图 2-1-4)。

(3)防水层施工:在垫层上铺设防水层,采用高质量的防水材料和施工工艺,确保防水层的连续性和密封性,防止地下水渗入。

(4)钢筋绑扎:根据设计要求进行钢筋绑扎,控制钢筋的间距、位置和保护层厚度。采用双层钢筋网片,加强筏板基础的整体强度。

(5)模板安装:使用高质量的模板材料,确保模板安装牢固、平整。模板接缝处进行密封处理,防止混凝土浇筑时漏浆。

(6)混凝土浇筑:采用分层浇筑和振捣的方法,确保混凝土密实、均匀,避免产生蜂窝、空洞等质量问题。在浇筑过程中，严格按照施工规范操作，确保混凝土的强度和耐久性。

图 2-1-4　独立基础垫层施工

**4. 质量检查和验收**

（1）过程检查：每道工序完成后，由质检员进行检查，发现问题及时整改，确保下一道工序的施工质量。检查内容包括桩基的垂直度、混凝土的密实度、钢筋的绑扎质量等。

（2）现场监测：设立质量监控小组，对施工现场进行监测，记录施工数据和质量状况，确保施工过程受控。现场监测包括桩基的沉降、基坑的位移、混凝土的温度等。

（3）第三方检测：邀请第三方检测机构对关键部位和工序进行检测，提供客观的质量评估报告（图 2-1-5）。第三方检测包括桩基的承载力测试、混凝土的强度测试等，确保施工质量的公正性和科学性。

图 2-1-5　送检材料

**5. 常见问题及解决方案**

（1）桩基偏位：在桩基施工过程中，如果放线不准确或钻孔设备偏移，可能会导致桩基偏位。解决方案是加强放线和标定工作，使用高精度的定位设备，确保桩基位置准确。

（2）基坑积水：基坑开挖过程中，如果排水措施不当，可能会导致基坑积水。解决方案是设置排水沟和集水井，采用抽水设备及时排除积水，保持基坑干燥。

(3)混凝土裂缝:在混凝土浇筑过程中,如果温度控制不当或养护措施不及时,可能会导致混凝土表面产生裂缝。解决方案是控制混凝土的浇筑温度和养护方法,采用合理的施工工艺,减少裂缝的产生。

**【总结】**

通过科学的施工规划和严格的质量控制措施,某市高层住宅的基础工程顺利完成。该案例展示了基础工程施工中,通过详尽的准备、精细的施工和严格的质量控制,确保工程的质量和安全的重要性及实际操作方法。施工过程中,从地质勘查、设计审核、材料检验、工艺控制到质量验收,每一个环节都进行了严格地把控,确保了工程质量的可靠性和稳定性。这不仅保障了建筑物的结构安全,也为后续施工和使用奠定了坚实的基础。

## 【学习产出】

实训任务见表 2-1-1。

**表 2-1-1　降水工程技术交底书**

| 工程名称 | | | 编号 | |
|---|---|---|---|---|
| 施工单位 | | | 日期 | |
| 交底提要 | | | | |
| 编制人 | | 复核人 | | 技术负责人 | |

交底内容:

一、编制依据

二、施工概况

三、施工工序

四、降水运行管理

五、降水井封井方案

# 任务二　主体工程施工过程及质量控制

## 【教学目标】

知识：正确掌握混凝土的抽样检查内容及步骤，熟练掌握混凝土工程的施工方法及质量要求。基本掌握混凝土工程常见的质量事故及其原因，正确掌握施工质量的检查方法及质量控制过程。

技能：具有正确选用脚手架、编制脚手架的施工方案、指导脚手架的施工的能力。

态度：具备良好的职业道德修养，能够遵守职业道德规范。具有高度的工作责任感。

## 【相关课点】

主体工程施工流程；

混凝土工程施工要求；

主体工程施工方案编制；

主体工程质量控制要点。

## 【建议学时】

1 周。

## 【教学方法】

1. 一线工人师傅演示、讲解；
2. 指导教师现场指导。

## 【前置任务】

案例分析：某市计划在市中心建设一栋 30 层的高层住宅楼，以缓解日益增加的住房压力。该住宅楼采用框架剪力墙结构，建筑面积达 50 000 $m^2$，包含住宅、商业和地下停车场等。由于其位置在城市核心区域，周边环境复杂，对施工过程的控制提出了更高的要求。施工方在工程开始前，制定了详尽的施工计划，并采取了一系列的质量控制措施，以确保主体工程的顺利进行和高质量完成。

### 一、主体工程施工流程

主体工程施工流程如图 2-2-1 所示。

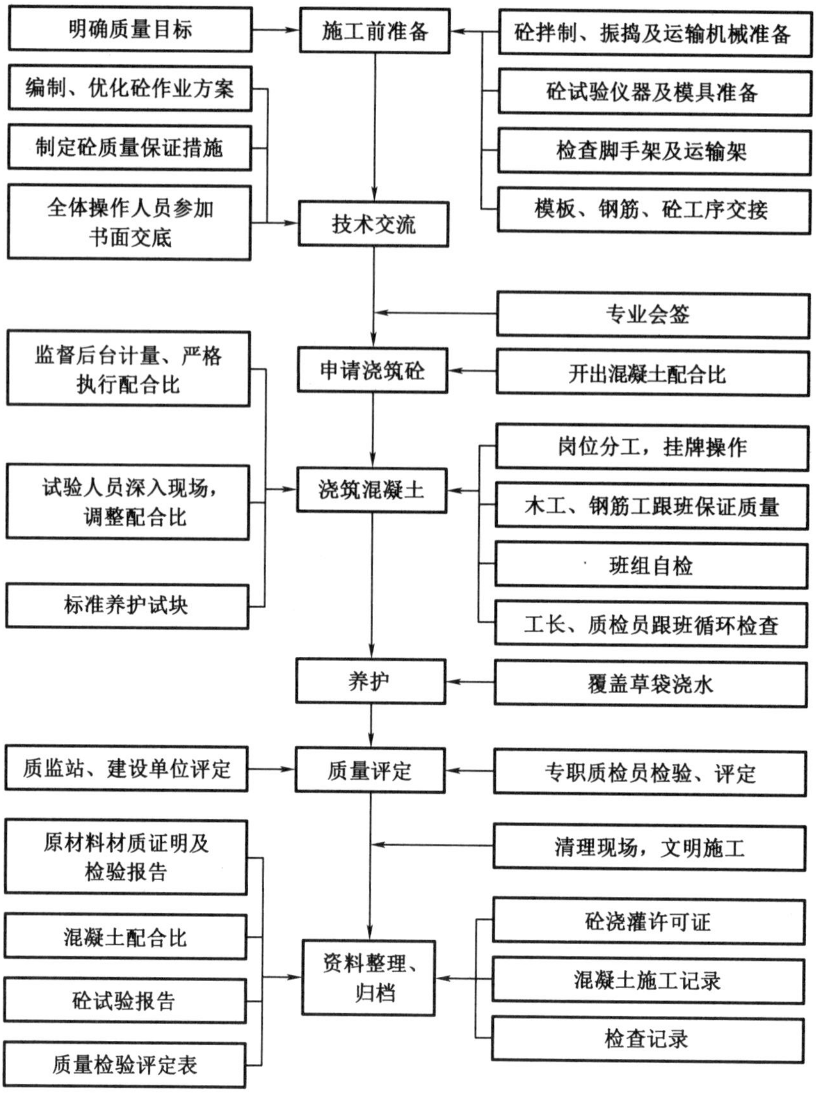


**图 2-2-1　主体工程施工流程**

## 二、混凝土工程施工要求

### (一)混凝土强度等级

基础垫层:C15;

高层住宅楼基础、剪力墙、连梁、框架柱、梁板:C30;

地下车库基础:C35,框架柱:C40,-1F 梁板:C35,其余:C30;

与墙相连的框架柱:C30;

构造柱、抱框过梁、阳台栏板隔板、独立设备基础:C20;

## （二）混凝土浇筑

混凝土浇筑（图 2-2-2）采用混凝土输送泵，汽车混凝土输送泵备用。混凝土施工过程中配合混凝土布料杆进行浇筑。在现场布置混凝土输送泵管，采取妥善的加固措施进行加固。为保障混凝土运输的畅通，在结构施工期间由专人对场外交通进行疏导、指挥，确保混凝土浇筑时罐车行驶畅通，不会造成延误浇筑的现象。

图 2-2-2　泵送混凝土浇筑

### 1. 底板混凝土浇筑

底板混凝土按照后浇带的布置进行分次连续浇筑成型，由于浇筑组织受限制，须在设计许可、规范允许的情况下留置施工缝（图 2-2-3）。

图 2-2-3　筏板基础验筋

模板、钢筋施工完毕，并验收合格，办理隐、预检手续。生产部门落实混凝土进场时间，混凝土运输车进场要有专人负责组织验收。

现场试验工做好坍落度检查，保证混凝土的质量（图 2-2-4）。

图 2-2-4 检查浇筑质量

**2. 柱、墙体、顶板混凝土的浇筑**

竖向结构施工时可进行段内流水，剪力墙与框架柱分开施工。墙体、柱混凝土在浇筑前要清理模板内杂物，检查模板底口是否严密，墙、柱根部剔凿要符合要求，浇水湿润基层后，铺 3 cm 同配比减石子砂浆。当竖向结构高度≥3 m 时，混凝土浇筑要采取串筒或溜槽等措施，防止混凝土浇筑时发生分层和离析。混凝土要进行分层振捣，每层浇筑厚度≤45 cm。用专用尺杆测量，控制分层振捣厚度，采用 $\phi$50 插入式振捣棒振捣。为防止洞口模板下部混凝土窝气造成不密实或孔洞，除保证两侧均匀下料以外，在洞口底部模板下部和中间分别打透气孔，并将此部位振捣时间适当延长，确保此部位混凝土密实(图 2-2-5)。

图 2-2-5 楼板浇筑

顶板：墙、柱顶部混凝土接茬剔凿湿润，顶板钢筋、电气埋管办理隐检手续后，尤其要检查混凝土保护层是否符合设计图纸要求，垫块是否牢固到位。将模板浇水湿润以后才能开始顶板混凝土浇筑，振捣采用 $\phi$50 插入式振捣器振捣。浇筑顶板混凝土前要先将梁混凝土浇筑完毕，并且不得留设施工缝，顶板混凝土上表面标高要拉通线进行控制，必须符合设计图纸标高要求，振捣及浇筑时不得造成墙体及暗柱插筋位移，如发生位移必须由钢筋工跟班人员进行调整(图 2-2-6)。

顶板混凝土表面标高控制：在顶板平模验收合格后，由放线员抄测，分别在暗柱和墙体竖向主筋上画出 50 cm 控制线，在浇筑后，根据标高控制线，将顶板混凝土用木杠刮平，木抹搓平，保证混凝土表面平整度。要求用木抹子搓 2~3 遍，保证混凝土平整。

图 2-2-6　顶板浇筑

**3. 混凝土质量要求**

混凝土使用的材料及试配等(除前面要求以外)需要提前请监理审核。混凝土按要求留置试块，并做见证取样，送符合建委要求的试验室进行试验。混凝土振捣密实、表面平整，符合质量评定标准。混凝土要加强养护，保证混凝土的强度的增长。认真做好混凝土养护及二次抹面，减少表面裂缝。

**4. 混凝土成品保护**

混凝土浇筑过程中要注意保护已有钢筋，泵管要求设管架进行固定。混凝土浇筑完成后对钢筋进行检查复位。

混凝土浇筑后，覆盖塑料布由一侧向另一侧按顺序进行，不得踩踏已抹平的混凝土。局部需拆除的模板待混凝土达到强度后方可拆除。楼梯踏步设多层板保护。

顶板拆模时，不得破坏阴角边模，以免影响以后支模的效果。对浇筑顶板时粘在柱面上的混凝土渣等，用扁铲将顶板阴角清理干净。

**5. 混凝土安全事项**

所有的电气设备线路均采用三相五线制，有可靠灵敏的漏电保护装置，胶皮线要经常检查，防止破损。

振捣器操作人员要戴绝缘手套、穿胶鞋。泵管架要牢固可靠。泵送软管前不得站人，管移走后方可振捣。夜间施工时现场及运输道路要有充分的照明。施工前责任工程师对施工人员做好安全交底工作。

**6. 施工缝的留置**

位置：柱水平施工缝设在梁板下皮处。顶板施工缝设在梁板跨中 1/3 范围内。

时间：施工缝防跑浆的封堵分别在合模前和顶板混凝土浇筑前进行，预留在框架梁上的清扫口必须在混凝土浇筑前完成。

顶板施工缝封堵做法：顶板施工缝上部采用定型模具封挡，顶板钢筋下面按照钢筋的间距装订木板条，保证钢筋的间距及位置，上下铁钢筋之间采用开豁的多层板封堵，确保混凝土上皮标高和钢筋位置准确。

混凝土施工缝接茬的处理：混凝土施工缝的剔凿前必须使用云石机进行弹线切割；为确保柱与顶板混凝土接茬质量，分别在柱混凝土和顶板混凝土浇筑完成后（混凝土初凝收水后），进行软弱层剔凿，顶板混凝土采取养护和保护措施，待顶板混凝土达到一定强度后再上人，孔洞拆模必须防止破坏顶板混凝土，以后的绑筋、支模，不得剔凿顶板表面。设专人采用专用工具剔除柱上方表面水泥浮浆，使其外露石子痕迹，并在合模前用气泵配合人工将松散渣清理干净。

**7. 混凝土及试块的养护**

混凝土养护：在模板拆除后，立即用塑料布将柱子包裹好浇水养护。顶板混凝土浇筑完成，脚踩无痕且稍干后设专人铺一层塑料布、浇水养护。

墙体混凝土：拆模后立即派专人进行覆盖养护，减少墙体内部水分的挥发。

试块养护：按施工段和浇筑台班制作标养、同条件试块（图 2-2-7），试块在浇筑地点取样，采用专用带锁钢筋笼安放在施工层做同条件养护。建造专用保温标养室，安装温、湿度自控设备，试块拆模后，及时进入标养室，确保试块 28 天标养条件。

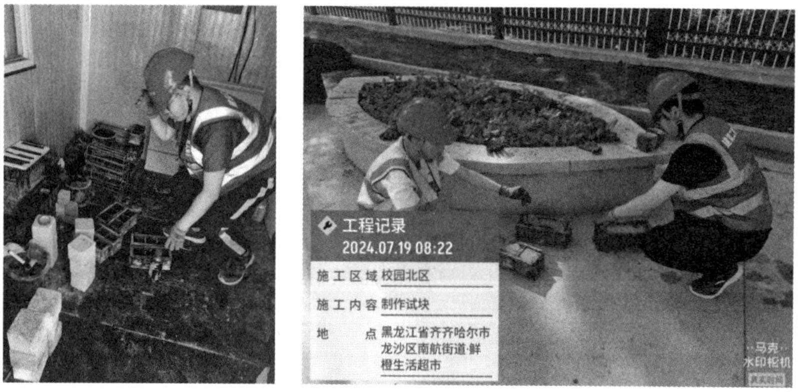


**图 2-2-7　混凝土试块制作**

## 三、主体工程施工方案流程编制

主体工程施工方案流程编制见表 2-2-1。

**表 2-2-1　主体工程施工方案流程编制**

| 主体工程编制表 | | | 完成情况 | | |
|---|---|---|---|---|---|
| | | | 完成或检查时间 | 文件记录 | 部门检查记录 |
| 主体工程前期准备及报批重点 | 1. 总包单位进场后组织总包单位对施工合同中主体结构方面的要求、做法、注意事项进行学习，形成文字记录。<br>2. 场地原始标高测量成果图，各施工方案审核后报部门审批。<br>3. 基础部位从承台、基础柱开始，对各轴线关系、楼间距的尺寸复核，形成书面记录报部门审批。<br>4. 二层、屋面结构钢筋组织部门验收，形成记录。二层结构请设计管理部门对户型进行确认，形成样板记录 | | | | |
| 模板工程 | 模板安装报验 | 1. 模板支撑系统及制作、安装施工过程中质量巡检。<br>2. 角、边柱垂直度与轴线位置需全检。<br>3. 降板、造型、挑板支撑逐一检查。<br>4. 检查模板标高、柱模垂直度、拼缝，轴线尺寸抽查、复核。<br>5. 填写《模板安装工程监理检查记录》 | | | |
| | 模板 | 模板拆除前审核 | | | |
| 钢筋工程 | 材料进场报验 | 1. 品种、规格、品牌是否符合合同及图纸要求。<br>2. 外观锈蚀程度检查。<br>3. 见证取样送检，冷轧带肋钢筋须称重 | | | |
| | 钢筋绑扎报验 | 1. 焊接外观及焊缝取样。<br>2. 首层、顶层柱筋长度及锚固方式（长度）。<br>3. 参照图纸按梁、板顺序逐一核对。<br>4. 面筋位置保证措施的落实，悬挑部位逐一检查。<br>5. 构造柱必须插穿模板。<br>6. 其他项目检查并填写《钢筋安装工程监理检查记录》 | | | |

**表 2-2-1**(续)

| 主体工程编制表 | | | 完成情况 | | |
|---|---|---|---|---|---|
| | | | 完成或检查时间 | 文件记录 | 部门检查记录 |
| 混凝土工程 | 浇筑前准备报验 | 1. 确定施工方案,明确浇筑顺序、施工缝留置位置。<br>2. 杂物清理,模板湿水检查。<br>3. 混凝土配合比报告、混凝土用砂及石检验报告等报验资料等手续办理。<br>4. 签署混凝土浇筑申报表,通知相关人员检查并签字(主管工程师,水、电工程师) | | | |
| | 过程控制 | 1. 混凝土浇筑前坍落度检查。<br>2. 混凝土浇筑振捣过程中钢筋、模板保护、整改检查。<br>3. 混凝土浇筑振捣过程旁站并填写《混凝土过程控制表》。<br>4. 混凝土浇筑完成后收光、养护情况检查 | | | |
| | 混凝土外观报验 | 1. 模板拆除后楼板开裂情况检查。<br>2. 混凝土截面尺寸、轴线位置、观感、垂直、平整度检查。<br>3. 填写《现浇结构外观及尺寸偏差检查记录表》 | | | |

## 四、主体工程质量控制要点

### (一)施工质量管理体系

建立完善的质量管理制度和标准,确保施工过程中的质量符合相关要求。

(1)质量管理制度:明确质量控制的目标、要求和责任分工,确保施工过程中的质量问题能够得到有效管理和解决。

(2)质量管理标准:明确各项工程质量指标和验收标准,为各个施工阶段提供准确的目标和指导。

(3)质量计划:包括质量控制活动的安排、质量检查和测试的时间表和方法,以及质量管理人员及监督人员的职责和权限等。

(4)质量控制措施:包括材料的验收标准和程序、施工工序的控制要点和技术要求、质量检验和测试的方法和要求等,确保施工过程中的每个环节都符合相关要求。

(5)质量记录与分析:建立健全的质量记录和分析机制,对施工过程中的质量问题进行记录和分析,及时发现问题,采取纠正措施,避免类似问题再次发生。

(6)质量审核与评估:定期进行质量审核和评估,评估质量管理体系的有效性和执行情况,发现问题进行改进,提高施工过程中的质量水平。

(7)过程控制与持续改进:通过过程控制和持续改进,监督施工过程中的每个环节,确保质量控制措施的有效实施,不断提高工程质量和施工效率。

### (二)施工方案与设计文件管理

仔细审核施工方案与设计文件,保证施工按照设计要求进行,避免出现错误和偏差。

(1)审核施工方案与设计文件:确保其与设计要求一致,并能满足工程施工的实际需求。审核过程中要关注施工方案对各项工程技术指标、质量要求、施工工序、技术难点等的合理性和可行性。

(2)遵循设计原则:包括结构安全、抗震性能、施工工艺等方面。确保施工方案不违背设计意图,同时满足相关法规和标准规范的要求。

(3)预防错误和偏差:通过仔细审核施工方案和设计文件,及早发现和预防在施工过程中可能出现的错误和偏差。例如,确保各项工程参数的准确性、施工过程的合理性、工艺的符合性等。

(4)沟通与讨论:与设计单位、施工单位和监理单位之间进行有效的沟通和讨论,确保对施工方案与设计文件的准确理解,避免因信息传递不畅或误解而出现问题。

(5)更新与变更管理:及时处理施工方案和设计文件中的更新和变更事项,确保施工按照最新的设计要求进行。在更新和变更管理的过程中要保证相关各方之间的及时沟通和协调,避免因施工方案和设计文件的混淆而出现错误执行的问题。

(6)文件存档与备份:将审核通过的施工方案和设计文件进行存档和备份,确保其可追溯和检索,并便于后续施工阶段的管理、维护和验收。

### (三)施工材料管理

对进场材料进行验收,确保其品质符合要求,防止假冒伪劣材料的使用。

(1)材料采购计划:根据工程需求,制定材料采购计划,明确需要采购的材料类型、规格、数量和质量要求,同时考虑供货周期和项目进度等因素。

(2)供应商选择与评估:选择可靠的供应商,通过供应商的资质、声誉和质量管理体系等因素进行评估,确保供应商能够提供符合标准和要求的合格材料。

(3)进场材料验收:对进场材料进行验收,按照相关标准和要求对材料的质量、规格、外观等进行检查。验收包括材料的检验报告、出厂合格证明、质量标识、检测样品等的比对和审核工作。

(4)抽样检测与实验室测试:对部分材料进行抽样检测和实验室测试,以确保其质量符合要求。一般需要定期抽样进行物理性能和化学成分等方面的检测。

(5)材料存储与保管:对验收合格的材料进行分类、标识和妥善存放,避免材料在存储过程中出现损坏或混淆。同时,要注意材料的防潮、防尘、防火措施,确保材料质量不受损。

(6)材料跟踪与追溯:建立材料跟踪制度,记录材料的来源、供应商信息、生产批次等关键信息,方便后续追溯材料质量和处理质量问题。

(7)建立健全的管理记录与档案:对材料的进场检验、实验室测试、验收记录等进行管理和归档,建立健全的档案系统,方便质量溯源和后期质量评估。

(8)防止假冒伪劣材料:加强监督,严厉打击假冒伪劣材料的使用。与供应商建立长期合作关系,加强材料来源的可追溯性和供应链的控制。

### (四)施工工艺管理

监督施工过程中的各项工艺操作,如混凝土浇筑、钢筋安装、砌筑等,确保施工质量合格。

(1)工艺计划与流程管理:制定详细的施工工艺计划,明确各项工艺操作的流程和步骤,确定施工顺序和关联性,确保施工工艺按照既定计划进行。

(2)工艺操作指导与培训:制定清晰的工艺操作指导书或工艺操作规程,对施工人员进行培训和指导,确保他们理解和掌握正确的工艺操作方法和要求。

(3)施工工艺监督与检查:监督施工过程中各项工艺操作的执行情况,进行现场巡查和监控,及时发现问题并及时纠正,确保施工工艺符合设计要求和相关标准。

(4)关键工艺控制与检测:对主体工程中的关键工艺进行特别关注和严格控制,如混凝土浇筑过程中的配料比例、搅拌时间、浇筑温度控制等;钢筋安装过程中的间距、连接方式、锚固深度等。同时,进行必要的工艺检测和测试,如材料强度检测、施工过程质量的监测和评估。

(5)施工工艺变更管理:对发生变更或调整的工艺操作,进行及时的变更管理和记录。变更管理应确保变更的合理性和可行性,并与相关方协商和沟通,确保变更后的工艺操作符合设计要求和质量标准。

(6)质量问题整改与预防:对施工过程中发现的质量问题,进行及时的整改和预防措施。追踪问题的原因,采取适当的纠正和预防措施,以防止类似问题再次发生。

(7)工艺记录与档案管理:对施工工艺操作、检测记录、整改措施等进行详细记录和档案管理,建立健全的档案管理系统。这些记录和档案有助于质量追溯和质量评估。

### (五)施工质量检验与测试

对施工过程中的关键节点和重要部位进行质量检验和测试,确保其达到设计要求。

(1)质量检验计划制定:根据设计要求和施工特点,制定详细的质量检验计划。计划中包括需要进行检验和测试的关键节点和重要部位、检验方法和标准、检验频率等内容。

(2)关键节点检验:对施工过程中的关键节点进行特别关注和严格检验。包括重要结构节点(如梁柱节点、梁柱连接节点等)和重要工序节点(如混凝土浇筑、钢筋安装、土方开挖等)。检验内容包括尺寸、形状、位置、连接质量等。

(3)重要部位检验:对施工过程中的重要部位进行检验,如结构墙体、地板、屋面等。检验内容包括尺寸、平整度、水平度、垂直度、强度等。

(4)材料性能检验:对使用的重要材料进行性能检验。包括混凝土强度测试、钢筋材质检验、防水材料的抗渗性能测试等。通过检验来确认材料的合格性和符合设计要求。

(5)非破坏性检测:采用非破坏性检测方法对施工过程中的关键部位进行检测。如超声波检测、射线检测、振动信号分析等。通过非破坏性检测来评估材料和结构的质量和完整性。

(6)实验室测试:将施工现场采集的材料和构件取样送至实验室进行测试。包括混凝土试块强度试验、回弹测定、抗拉试验等。通过实验室测试来检验施工质量是否满足设计要求。

(7)质量记录与报告:对每次的质量检验和测试进行记录和报告。记录包括检验的日期、地点、检验人员、检验方法和结果等信息。报告则包括质量检验的汇总、结论和建议等内容。

### (六)施工现场管理

进行现场巡查,及时发现和纠正施工过程中的问题,确保施工质量稳定。

(1)现场巡查与监督:进行定期巡查和监督,对施工现场进行全面的检查和观察(图2-2-8)。巡查包括检查施工进度、施工顺序、现场秩序、安全隐患等方面。监督施工人员的工作态度和施工行为,确保施工按照设计要求和施工规范进行。

(2)及时发现问题与隐患:通过现场巡查,及时发现施工过程中存在的问题和潜在的隐患。包括工程质量问题、安全隐患、施工进度滞后、材料损坏等。对问题和隐患要进行记录和分类,以便后续整改。

(3)纠正和整改措施:针对发现的问题和隐患,采取及时的纠正和整改措施。与相关责任人进行沟通,明确问题的解决方法和时间要求。确保问题得到有效解决和整改,以便工程质量和施工进度的稳定。

(4)现场协调与沟通:与设计人员、监理人员和施工人员之间进行有效的协调与沟通。确保施工方案、设计文件和施工要求的准确理解和共识。及时沟通施工过程中的问题,并协调解决各方的分歧和冲突。

(5)安全管理:重视施工现场的安全管理,落实安全制度和措施。对施工现场的安全风险进行评估和控制,确保施工人员的人身安全和施工作业的安全性。

**图2-2-8　现场安全巡查**

(6)现场整洁与环境保护:维持施工现场的整洁和环境的保护。对废弃物和污水进行妥善处理,保持施工现场的环境卫生。

(7)施工记录与档案管理:对现场巡查和施工管理的记录进行管理和归档。包括现场巡查记录、问题整改记录、协调沟通记录等。记录和档案的建立有助于事后的回溯和质量评估。

### (七)施工记录与档案管理

做好施工记录和档案管理,方便后期的维护和管理。

(1)记录内容:施工记录的内容应全面、准确地反映施工过程。它应包括施工计划、工序安排、施工进度、质量检查、问题和解决方案等。详细记录这些信息有助于后期的维护和管理工作,确保工程质量(图 2-2-9)。

**图 2-2-9　施工内容记录**

(2)档案管理方法:档案管理可以采取分类归档、编号、电子存储等方法。文件应按照一定规则进行分类,编号方便管理和检索。对于重要文件,可以进行电子化存储,以保证档案的安全和便捷性(图 2-2-10)。

**图 2-2-10　施工档案管理**

### (八)施工质量培训与管理

对施工人员进行必要的培训,提高他们的技能和素质,增强他们对质量的管理意识。

(1)施工人员培训:对施工人员进行必要的培训是提高施工质量的基础。培训包括施工技术、工艺和安全操作等方面的知识。通过培训,施工人员可以掌握正确的施工方法和操作技巧,提高其工作效率和技能水平。

(2)技能和素质提升:培训不仅仅是传授知识,还应注重培养施工人员的素质和能力。包括沟通能力、团队协作、问题解决能力等。通过提升施工人员的素质,可以进一步提高他们的工作质量和能力,从而保证主体工程的质量。

(3)管理意识强化:施工人员应该具备对质量管理的认识和意识。培训应重点加强对质量管理的教育,包括强调质量标准和要求、质量控制流程和方法等。这样可以让施工人员明确自己在工程质量中的责任和重要性,从而培养他们对质量的管理意识。

(4)持续学习和提升:培训应该是一个持续的过程,而不仅仅是在工程开始前进行一次性的培训。施工人员应被鼓励不断学习和提升自己的技能,通过参加培训课程、工作坊和行业研讨会等活动,跟上行业最新发展和技术进步,以提高工程质量和自身竞争力。

## 【前置任务】

### 【案例背景】

某市计划在市中心建设一栋30层的高层住宅楼,以缓解日益增加的住房压力。该住宅楼采用框架剪力墙结构,建筑面积达50 000 $m^2$,包含住宅、商业和地下停车场等。由于其位置在城市核心区域,周边环境复杂,对施工过程的控制提出了更高的要求。施工方在工程开始前,制定了详尽的施工计划,并采取了一系列的质量控制措施,以确保主体工程的顺利进行和高质量完成。

### 【分析内容】

#### 1. 施工前期准备工作

在主体工程施工前期,进行了充分的准备工作,以确保施工过程中各个环节顺利进行并达到质量要求。

(1)设计审核:邀请资深结构工程师和建筑师对设计图纸进行了详细审核,确保设计方案的合理性和可行性。审核过程中,重点检查了结构设计是否符合规范要求,是否有合理的应力分布,施工难点和重点是否已经考虑充分。

(2)施工方案制定:根据设计图纸和施工环境,制定了详细的施工方案。该方案包括施工流程、工艺标准、安全措施和质量控制计划。施工方案的制定过程中,特别注意了施工的顺序安排,确保每一步都能够顺利衔接。

(3)人员培训:施工前对所有施工人员进行了专项培训,确保他们熟悉施工技术和质量要求。培训内容包括钢筋绑扎、模板安装和混凝土浇筑等关键工序。此外,还进行了安全操作规程和应急处理的培训,确保施工人员能够在施工过程中安全操作。

**2. 钢筋工程施工**

钢筋工程是主体结构施工的重要环节,直接影响结构的整体质量和安全。为了确保钢筋工程的质量,采取了以下措施。

(1)材料检验:对进场的钢筋进行严格的抽样检验,确保其力学性能和规格符合设计要求和国家标准。材料的检验包括化学成分分析、拉伸试验、弯曲试验等。

(2)钢筋绑扎:按照图纸要求进行钢筋绑扎,重点控制钢筋的间距、位置和保护层厚度。为了防止漏绑和错绑,施工现场安排了专门的质检人员进行全程监督和检查。对于关键节点和复杂部位,采取了加密绑扎和加强定位的措施,确保钢筋位置准确无误(图 2-2-11)。

**图 2-2-11 现场钢筋绑扎检查**

(3)隐蔽工程验收:每层钢筋绑扎完成后,进行隐蔽工程验收,确保钢筋绑扎符合设计和规范要求。验收过程中,对钢筋的绑扎质量、连接质量以及位置进行了全面检查,发现问题及时整改(图 2-2-12)。

**图 2-2-12 钢筋工程验收**

**3. 模板工程施工**

模板工程直接影响混凝土结构的尺寸和外观,必须保证模板安装的质量和稳定性。

(1)模板安装:使用高质量的模板材料,确保模板安装牢固、平整。特别是在高层建筑中,模板的稳定性至关重要,因此在模板安装时,对模板接缝处进行了密封处理,防止混凝土浇筑时漏浆。

(2)模板加固:在关键部位和转角处,进行了额外的加固处理,确保模板在混凝土浇筑过程中不变形、不移位。为了提高模板的稳定性,使用了高强度的钢支撑和加固件,确保模板能够承受混凝土浇筑时的压力。

(3)验收检查:模板安装完成后,由质检员进行验收,确保模板位置和尺寸符合设计要求。验收内容包括模板的平整度、垂直度、接缝的密封性等。验收合格后,才允许进行下一步的混凝土浇筑工作。

**4. 混凝土工程施工**

(1)材料配比:严格控制混凝土的配合比,确保混凝土的强度和耐久性符合设计要求。施工过程中,根据环境温度和湿度调整配合比,确保混凝土的工作性能。

(2)浇筑工艺:采用分层浇筑和振捣的方法,确保混凝土密实、均匀,避免产生蜂窝、空洞等质量问题。在混凝土浇筑过程中,严格按照施工规范进行操作,使用振动棒进行充分振捣,确保混凝土的密实度(图 2-2-13)。

**图 2-2-13　混凝土浇筑**

(3)养护管理:混凝土浇筑完成后,及时进行覆盖和洒水养护,防止混凝土表面开裂和强度不足。养护期间,保持混凝土表面湿润,采用洒水、覆盖塑料薄膜等方法,确保混凝土充分水化(图 2-2-14)。

**图 2-2-14　混凝土养护**

**5. 施工过程中的质量控制**

(1)质量检查:每道工序完成后,由质量检查员进行验收,发现问题及时整改,确保下一道工序的施工质量。质检员根据施工规范和设计要求,进行全面检查,确保每一个环节的施工质量都达到要求。

(2)现场监测:设立质量监控小组,对施工现场进行全天候监测,记录施工数据和质量状况,确保施工过程受控。现场监测包括温度、湿度、混凝土强度等关键指标,确保施工环境和施工质量的稳定。

(3)第三方检测:邀请第三方检测机构对关键部位和工序进行检测,提供客观的质量评估报告。第三方检测包括结构强度检测、材料性能检测等,确保施工质量的公正性和科学性(图 2-2-15)。

**图 2-2-15　质检站检测混凝土强度**

**6. 施工质量可能遇到的问题及解决方案**

(1)钢筋位移:钢筋绑扎过程中,加强定位和固定措施,防止浇筑混凝土时钢筋位移。采取加密绑扎和设置临时支撑的措施,确保钢筋在混凝土浇筑过程中保持位置稳定(图 2-2-16)。

**图 2-2-16　钢筋绑扎**

(2)混凝土裂缝:控制混凝土的浇筑温度和养护方法,采用合理的施工工艺,减少裂缝的产生。在混凝土浇筑过程中,控制浇筑速度和振捣频率,确保混凝土内部的应力均匀分布,减少裂缝的发生。

**【总结】**

通过科学的施工规划和严格的质量控制措施,某市高层住宅的主体工程顺利完成。该案例展示了主体工程施工中,通过详尽的准备、精细的施工和严格的质量控制,确保工程的质量和安全的重要性和实际操作方法。施工过程中,从设计审核、材料检验、工艺控制到质量验收,每一个环节都进行了严格地把控,确保了工程质量的可靠性和稳定性。这不仅保障了建筑物的结构安全,也为后续施工和使用奠定了坚实的基础。

## 【学习产出】

实训任务见表2-2-2。

**表2-2-2　混凝土工程施工检验批质量验收记录**

<table>
<tr><td>工程名称</td><td></td><td>分项工程名称</td><td></td><td>验收部位</td><td></td></tr>
<tr><td>施工单位</td><td></td><td>项目负责人</td><td></td><td>专业工长</td><td></td></tr>
<tr><td>分包单位</td><td></td><td>项目负责人</td><td></td><td>施工班组长</td><td></td></tr>
<tr><td colspan="3">施工执行标准及编号</td><td colspan="3"></td></tr>
<tr><td colspan="3">质量验收规范的规定</td><td colspan="2">施工单位检查评定记录</td><td>监理(建设)单位验收记录</td></tr>
<tr><td rowspan="4">主控项目</td><td colspan="2">1. 结构混凝土的强度等级符合设计要求;用于检查结构构件混凝土强度的试件,应在混凝土的浇注地点随机抽取。取样与试件的留置应符合7.4.1条的规定</td><td colspan="2"></td><td rowspan="4"></td></tr>
<tr><td colspan="2">2. 对有抗渗要求的混凝土结构,其混凝土试件应在浇筑地点随机抽样。同一工程、同一配合比的混凝上,取样不应少于1次,留置组数可根据实际需要确定</td><td colspan="2"></td></tr>
<tr><td colspan="2">3. 混凝土原材料每盘称量的偏差应符合7.4.3条规定</td><td colspan="2"></td></tr>
<tr><td colspan="2">4. 混凝土运输、浇筑及间歇的全部时间不应超过初凝时间;同一施工段的混凝土应连续浇筑,并应在底层混凝土初凝前将上一层混凝土浇筑完毕。当底层混凝土初凝之后浇筑上一层混凝土时,应按施工技术方案中对施工缝的要求进行处理</td><td colspan="2"></td></tr>
</table>

**表 2-2-2**(续)

<table>
<tr><td colspan="2">质量验收规范的规定</td><td>施工单位检查评定记录</td><td>监理(建设)单位验收记录</td></tr>
<tr><td rowspan="3">一般项目</td><td>1. 施工缝的位置应在混凝土浇筑前按设计要求和施工技术方案确定,其处理应按施工技术方案执行</td><td></td><td rowspan="3"></td></tr>
<tr><td>2. 后浇带的留置位置应按设计要求和施工技术方案确定,后浇带混凝土浇筑应按施工技术方案进行</td><td></td></tr>
<tr><td>3. 混凝土浇筑完毕后,应按施工技术方案及时采取有效措施进行养护;同时应符合 7.4.7 条的规定</td><td></td></tr>
<tr><td colspan="2">施工单位检查评定结果</td><td colspan="2">项目专业质量检查员　　项目专业质量(技术)负责人:<br>年　月　日</td></tr>
<tr><td colspan="2">监理(建设)单位验收结论</td><td colspan="2">监理工程师(建设单位项目技术负责人):<br>年　月　日</td></tr>
</table>

# 任务三　外墙涂料施工过程及质量控制

## 【教学目标】

知识：掌握外墙涂料工程所用的涂料和半成品，均应有品名、种类、颜色、制作时间、储存有效期，使用说明和产品合格证。熟练掌握外墙涂料工程的施工流程及施工要点。应掌握施涂前，基层表面上对清洁度的具体要求，例如：灰尘、污垢和砂浆流痕应清除干净，基体或基层的缺棱掉角处，用1∶3的水泥砂浆（或聚合物水泥砂浆）修补，表面麻面及缝隙应用腻子填补齐平。

技能：能够编制施工方案；能够根据工程实际情况正确选择涂料的种类、涂料处理方法并进行处理。能够进行外墙涂料工程验收，会填写验收资料。

态度：自觉遵守职业道德和行业规范。

## 【相关课点】

涂料工程施工流程；

涂料工程施工方案编制；

涂料工程质量控制要点。

## 【建议学时】

1周。

## 【教学方法】

1. 一线工人师傅演示、讲解；
2. 指导教师现场指导。

## 【前置任务】

案例分析：某市一座高层住宅楼的外墙涂料工程，需要在竣工验收前完成。该住宅楼共有30层，总建筑面积约为45 000 $m^2$。由于其外墙涂料的施工不仅直接影响建筑的美观度，还关系到建筑的耐久性和防水性能，因此，对施工过程的管理和质量控制提出了很高的要求。施工方在工程开始前，制定了详尽的施工计划，并采取了一系列质量控制措施，以确保外墙涂料工程的顺利进行和高质量完成。

## 一、涂料工程施工流程

外墙涂料工程质量控制流程如图 2-3-1 所示。

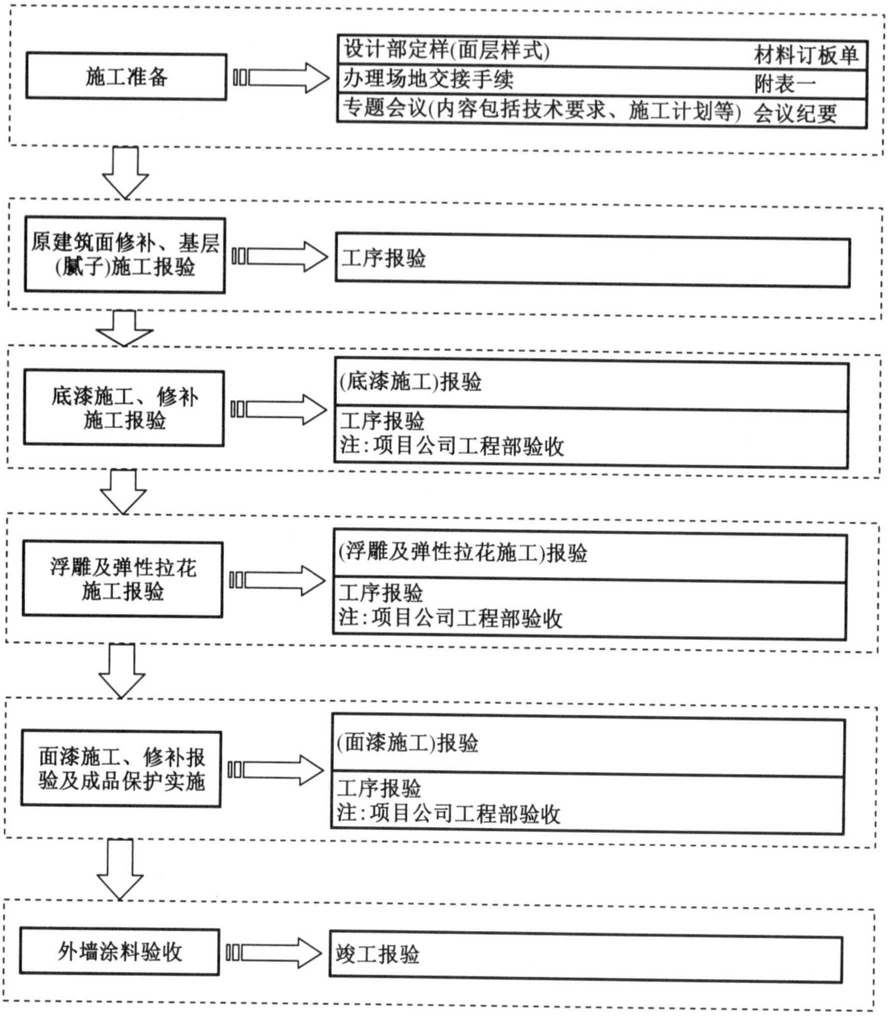


图 2-3-1　外墙涂料工程质量控制流程图

## 二、涂料工程施工方案编制

外墙涂料施工质量控制流程检查表见表 2-3-1。

**表 2-3-1　外墙涂料施工质量控制流程检查表**

<table>
<tr><th colspan="3" rowspan="2">流程</th><th colspan="3">完成情况</th></tr>
<tr><th>完成或检查时间</th><th>文件记录</th><th>部门检查记录</th></tr>
<tr><td rowspan="4">施工准备</td><td>首次会议</td><td>土建工程师组织施工单位召开首次会议，开会布置有关要求：报批施工组织设计/施工方案，审图，要求提交甲供材料计划，进行工期要求、管理制度等交底</td><td></td><td></td><td></td></tr>
<tr><td>施工方案</td><td>开工前施工单位向监理报批施工组织设计/施工方案，监理审批</td><td></td><td></td><td></td></tr>
<tr><td>材料计划</td><td>施工单位提前提交甲供材料计划，土建工程师审核后报公司采购</td><td></td><td></td><td></td></tr>
<tr><td>场地交接</td><td>1. 开工前土建工程师组织场地交接。<br>2. 施工单位进行建筑基层面检查记录，交土建工程师复核。<br>3. 施工外架交接。<br>4. 样板施工</td><td></td><td></td><td></td></tr>
<tr><td rowspan="4">施工过程</td><td>基层结构报验</td><td>1. 施工单位进行隐蔽报验（基层隐蔽等）、工序报验。<br>2. 土建工程师进行隐蔽验收、工序验收，复核基层平整度</td><td></td><td></td><td></td></tr>
<tr><td>底漆工程报验</td><td>1. 材料进场，设计管理中心、土建工程师、施工单位共同验收。<br>2. 大面施工时每 3 天一次例行检查涂刷均匀，无漏刷</td><td></td><td></td><td></td></tr>
<tr><td>浮雕及弹性拉花</td><td>1. 材料进场，设计管理中心、土建工程师、施工单位共同验收。<br>2. 大面施工时每 3 天一次例行检查涂刷均匀，浮雕及弹性拉花花型一致，大小均匀</td><td></td><td></td><td></td></tr>
<tr><td>面漆工程</td><td>1. 面饰材料进场，设计管理中心、土建工程师、施工单位共同验收。<br>2. 土建工程师通知设计管理中心、项目公司工程部进行面漆验收，合格后施工单位才能大面施工，同时样板验收记录报工程主管副总审阅。<br>3. 大面施工时每 3 天一次例行检查，不透底，色泽均匀一致</td><td></td><td></td><td></td></tr>
</table>

## 三、涂料工程质量控制要点

### (一)基层检查

(1)墙面空鼓、开裂、漏网情况已整改完善,门洞口、窗洞口已收口完善,阳台铁花栏杆、落水管支架、铝合金窗框、线条及各种管线等需要在墙面打洞的,已安装完成,并已补洞完成。玻璃安装则待外墙涂料完成再进行施工。

(2)阳台、露台、屋面防水已施工完成,地坪混凝土已浇筑。

(3)外阳台及空调板(与雨水直接接触部位)滴水及线条防流挂措施已到位。

(4)线条顺直,无大小头。防流挂措施已处理到位。

(5)墙面观感质量合格,无明显抹痕。

(6)外墙面抹灰(或保温抗裂砂浆面层)施工必须已完善,墙面基本干燥,含水率在10%以下,pH 值小于10。

(7)基层表面清洁,无杂物、油污、浮灰。阳台、露台、斜屋面、空调机位防水层,基层抹灰收口完成,门窗洞口抹灰收口收边完善,涂料必须在基层抹灰到位后,才能进行施工。线槽、栏杆、空调支架等外墙预埋件必须完成,否则涂料施工后,将难以弥补,影响外观效果。尽量减少脚手架管在墙面的拉接点,可采取移横杆和换拉接杆的方法。检查基面平整度、垂直度,必须保证达到中级抹灰要求(图2-3-2)。

**图2-3-2 外墙装饰涂料**

### (二)成品保护

(1)对楼地面的成品保护:涂料的堆放和搅拌处用彩条布垫底,避免涂料污染地面。

防水施工应同结构施工及水暖施工建立严格的交接制度。同时应通知有关专业,确保工期不安排交叉作业。

防水施工人员,应穿软底鞋作业,并确保未凝固前不得上人。严禁其他人员随意踩踏防水层。防水层施工后,应尽快施工保护层,不应长期暴露,更不允许穿钉鞋在上面踩踏和堆放其他杂物,以防刺破防水层。

楼地面施工时,应保护好电器等设备暗管,不得碰撞门框和墙面。

不得在已施工好的楼地面上拌制砂浆;地漏、出水口等部位安装好的临时堵头要保护好,防止堵塞和灌入杂物。

饰面砖等材料切割不得在已完工的楼地面上进行(含石材),操作时不要把灰浆或板块掉入已安装好的地漏及上下水管内。

存放石材板块应采用板块立放,光面相对。板块的底面应垫木条,在施工现场倒运时,应轻搬轻放,防止碰撞损坏。

大理石地面试拼应在平整的地面上,试拼人员应穿干净的软底鞋操作。操作人员应做到随铺随砌随擦抹干净(可用软毛刷或干布),并将房间封闭或在其上面铺塑料布保护。

面砖、地砖、花岗岩施工应同水暖电安装综合考虑安排,严禁贴面后进行电气焊。如必须焊接,需经专业人员同意并采取面层保护措施后方可进行。面砖、地砖,花岗岩铺贴砂浆未初凝、未达到强度,严禁上人或碰击。质量检测宜在初凝后进行。

(2)对室内的阳角、墙面做好保护:在材料运输过程中,对室内的阳角、墙面做好保护,避免碰撞,造成阳角缺角或破坏墙面。在喷涂到门窗洞口时,在洞口一侧需用挡板遮住,防止涂料从窗口进入室内,污染地面、墙面。不得在室内墙面、地面随便滚涂。

(3)对门窗、栏杆的保护:在施工过程中,保护好门窗、栏杆的保护膜,不得破坏。一旦发现有破损的地方,及时修补。涂料施工时,要特别注意,防止造成污染。如一旦污染,必须马上用湿抹布擦拭干净。

为防止损坏保护膜和损害栏杆、窗框,严禁在栏杆、窗口上放置竹跳板和杂物,人员不得踩踏栏杆和窗框。

(4)对已完工的涂料成品做好保护,在后一种涂料施工时,容易污染部位用彩条布遮盖,避免形成交叉污染。

(5)对管道及支架的保护:在涂料施工时,不得损坏管道支架,不得将涂料污染到管道上。一旦污染,要马上用湿抹布擦拭干净。

(6)对已完工的涂料成品,在漆膜未完全成膜前,如果遇到雨天须用彩条布遮盖保护,防止形成雨痕和流挂,以造成污染和返工现象。

### (三)真石漆喷涂

(1)喷涂时浮点大小可用“枪塞”来调节控制,在喷涂过程中,喷枪口中心线要始终与喷面垂直,喷枪斗与喷面距离为0.3~0.5 m。按设计效果调节喷枪,使其气压和出料达到要求效果。

(2)按分格为单位喷涂完整的工作面,收枪或中涂收工,必须喷涂完整的分格面,不允许喷涂一半就停工,避免造成接痕。

(3)在真石漆未干时,用平滚筒滚压一遍。喷涂一格,在石漆未干燥时,及时揭掉分格黏胶带。

### (四)喷涂前试喷分隔缝施工

(1)按照设计要求每条分隔缝间隔为600 mm,呈水平分布,缝宽2 cm。

(2)根据现场实际情况,对窗口、线条部位的个别分隔缝进行微调,确保美观,并尽可能一致。

(3)方法:刷分隔缝漆、弹水平线、贴 2 cm 宽的美纹纸、喷真石漆、撤除美纹纸。

(4)控制要点:确保分隔缝在一条水平上,修补时不能超过上下水平线。

## 五、脚手架洞的处理

外墙因脚手架拆除等原因造成的孔洞,如处理不密实,雨水靠风压将会沿孔洞向室内渗漏,导致内墙面印水、潮湿和污染。一般情况下,小于 50 mm 的孔洞采用与穿墙对拉螺杆相同的封堵做法;当 50 mm≤孔洞尺寸≤100 mm 时,可用 1∶3水泥砂浆(添加防水剂及膨胀剂)参照对拉螺杆封堵做法分次堵塞;当孔洞尺寸>100 mm 时,采用比原混凝土标号高一等级的微膨胀细石混凝土封堵;所有封堵必须保证密实。封堵洞口的外侧涂刷 1.0 mm 厚 JS 防水或聚氨酯防水涂料,涂刷范围必须大于孔洞周边 50 mm。为防止雨水渗漏,保证质量,洞口修补采取如下措施。

技术准备:按照质量通病防治措施要求进行技术交底工作的编制,劳务人员进场后现场对每一个工人进行交底,做到事前计划,过程控制,结果验收。

如遇脚手架无法移动留下洞口,待基层处理到位后一整块一起修补。

预留 600 mm×600 mm 的方框,用同批次材料进行修补,特别注意对接头的控制。细节处理-窗框部位涂料施工要求一次性整遍成活,质量效果才有保证,切忌反复施工,土建收口未完成暂时不施工该部位,以阴角或阳角断开。待收口完成后单独进行施工。

(1)安排专人逐层进行封堵操作。

(2)操作方法正确,砂浆饱满度≥90%。

(3)严禁用干砖或碎砖等堵封,尽量采用细石砼来施工。

(4)孔洞外侧可用防水砂浆粉 5 mm 一层,每边出孔洞边约 100 mm 左右(图 2-3-3)。

图 2-3-3　外墙装饰涂料

(5)孔洞堵封完毕后,此孔洞部位可进行适当标识,以备查。

(6)粉刷工作可与此堵封工作距一段时间,可利用自然条件进行验收等,比如下雨,此处会不会出现渗漏现象,发现渗漏应及时处理。

(7)加强施工人员的责任心和检查、验收制度。

## 【前置任务】

### 【案例背景】

某市一座高层住宅楼的外墙涂料工程,需要在竣工验收前完成。该住宅楼共有 30 层,总建筑面积约为 45 000 $m^2$。由于其外墙涂料的施工不仅直接影响建筑的美观度,还关系到建筑的耐久性和防水性能,因此,对施工过程的管理和质量控制提出了很高的要求。施工方在工程开始前,制定了详尽的施工计划,并采取了一系列质量控制措施,以确保外墙涂料工程的顺利进行和高质量完成。

### 【分析内容】

**1. 施工前期准备工作**

(1)设计审核:详细审核外墙涂料设计图纸和施工方案,确保颜色、质地、施工工艺等方面的要求明确清晰。特别关注色彩搭配的合理性和材料的选用。

(2)施工方案制定:根据建筑物的外墙情况和设计要求,制定详细的施工方案,包括施工工艺流程、涂料使用量计算、安全措施和质量控制计划。明确了每个工序的具体操作方法和质量标准。

(3)样板试验:在正式施工前,选择一部分外墙进行样板试验,验证涂料的颜色、质感和施工工艺的可行性。样板通过后,作为正式施工的参照标准。

(4)人员培训:对施工人员进行专项培训,确保他们掌握涂料施工技术和质量要求。培训内容包括涂料的混合、涂刷技巧、安全操作规程等。

**2. 外墙基层处理**

(1)基层清理:对外墙表面进行清理,清除灰尘、油污、浮灰等杂质。采用高压水枪和刷子进行清洗,确保表面干净无污染。

(2)修补找平:对外墙裂缝、孔洞等缺陷进行修补,使用高强度腻子进行找平。确保墙面平整度符合涂料施工要求。对较大裂缝进行填充和加固,防止涂料施工后产生开裂问题。

(3)界面处理:为增强涂料与基层的附着力,使用界面剂进行涂刷。界面剂的选择需符合涂料的配套要求,确保其能够有效提高基层的附着力。

**3. 外墙涂料施工**

(1)涂料准备:根据设计要求和现场情况,严格按照配比准备涂料,确保涂料的均匀性和黏度。对涂料进行充分搅拌,确保无色差和沉淀。

(2)底漆施工:先涂刷底漆,底漆的作用是封闭基层,提高面漆的附着力。底漆施工过程中,确保均匀涂布,无漏涂现象。

(3)面漆施工:底漆干燥后,进行面漆施工。面漆通常需要涂刷两遍,第一遍干燥后,再涂刷第二遍。施工时,采用滚涂、刷涂或喷涂的方法,确保涂层均匀,无色差、流挂等质量问题。

(4)施工环境控制:控制施工环境的温度和湿度,避免在高温、强风或雨天施工。涂料施工最佳温度在5~35 ℃,湿度控制在85%以下,确保涂料的附着力和干燥效果。

**4. 质量检查和验收**

(1)过程检查:每道工序完成后,由质检员进行检查,发现问题及时整改,确保下一道工序的施工质量。检查内容包括涂层的厚度、均匀度、颜色一致性等。

(2)现场监测:设立质量监控小组,对施工现场进行监测,记录施工数据和质量状况,确保施工过程受控。现场监测包括环境温度、湿度、涂料的使用情况等。

(3)竣工验收:施工完成后,进行全面的竣工验收,验收内容包括涂料的附着力、表面平整度、颜色一致性、涂层厚度等。邀请设计单位、监理单位和施工单位共同参与验收,确保工程质量符合设计和规范要求。

**5. 常见问题及解决方案**

(1)涂料起泡:涂料施工过程中,如果基层处理不当或涂料搅拌不均匀,可能会出现起泡现象。解决方案是在涂料施工前,确保基层干燥、清洁,并对涂料进行充分搅拌,均匀涂布。

(2)色差问题:涂料施工过程中,如果施工工艺不规范或不同批次涂料混用,可能会产生色差。解决方案是严格按照施工方案操作,使用同一批次涂料,确保涂料的均匀搅拌和涂布。

(3)涂层剥落:涂层剥落可能是由于基层处理不当或施工环境控制不严造成的。解决方案是对基层进行彻底清理和处理,选择适当的施工时间,确保涂料的附着力。

**【总结】**

通过科学的施工规划和严格的质量控制措施,某市高层住宅的外墙涂料工程顺利完成。该案例展示了外墙涂料施工中,通过详尽的准备、精细的施工和严格的质量控制,确保工程的质量和安全的重要性和实际操作方法。施工过程中,从设计审核、材料检验、工艺控制到质量验收,每一个环节都进行了严格地把控,确保了工程质量的可靠性和稳定性。

## 【学习产出】

实训任务见表2-3-2。

**表 2-3-2　外墙涂料施工质量检查表**

| 检查或验收内容(标准) | | | 分值 | 评分 | 权重 | 验收整改意见 | 验收人签名 |
|---|---|---|---|---|---|---|---|
| 事前控制 | 进场验收 | 检查品牌、货号、色号是否与封样样品一致,验证出厂合格证 | 60 | | 30% | | |
| | 基层验收 | 外墙抹灰层需经检查验收合格,确保无空鼓、裂缝、浮砂等缺陷 | 40 | | | | |
| 过程管理 | 基层清理 | 清除抹灰层上、立面分格条及滴水线内的浮灰、尘土等杂物;对于局部需修补的(掉角、表面不平整)部位,应清理完成后用防水腻子进行批嵌 | 20 | | 40% | | |
| | 作业条件 | 要求抹灰层应干燥,含水率不大于 10%;环境温度高于 5 ℃,湿度低于 85%,以保证成膜良好;涂刷后 24 h 内不应淋冲或采取保护措施避免漆膜被雨水冲刷 | 10 | | | | |
| | 封闭底漆 | 应由上到下,分层或分区域施工,底漆各组分应按产品说明书配制,涂刷均匀饱满,不漏底、不漏涂、不流坠;底漆涂刷完成后,应组织验收 | 10 | | | | |
| | 中涂 | 底漆验收合格、漆膜干燥后,方可施工中涂面漆。要求涂料分色部位准确、分色线顺直,漆膜厚度均匀,颜色一致,不流坠、不漏底、不漏涂,涂刷完成后组织验收 | 10 | | | | |
| | 面涂 | 应备足面漆防止不同批次到货产生色差。若发现存在色差,应选择不明显部位涂刷 | 10 | | | | |
| | 成品保护 | 封底漆施工前应拆除安全网,清理脚手板,防止建筑垃圾、灰尘等污染墙面,底漆施工完毕后拆除脚手时注意成品保护 | 20 | | | | |
| | 管理制度 | 过程管理制度落实情况,甲方及监理单位施工中有过程(隐蔽)验收记录,整改通知单已封闭 | 20 | | | | |
| 验收整改 | 涂刷质量 | 涂料色彩、分色部位是否符合设计要求;分色线是否顺直,涂刷是否均匀、有无漏底 | 50 | | 30% | | |
| | 拆架前全面验收 | 拆除脚手架前,应全面检查涂刷质量。整体墙面效果、有无污染,验收合格后,要求施工单位及时拆脚手架,防止污染墙面,对于需整改的问题已限期整改完毕 | 50 | | | | |

# 任务四　砌体和抹灰工程施工过程及质量控制

## 【教学目标】

知识：通过实训使学生对砌筑、抹灰工程的施工要求有初步的感性认识，便于进一步对理论知识的学习。

技能：通过实训锻炼，能够正确掌握砌体工程和抹灰工程的质量控制要点及施工要点。

态度：使学生养成工作认真负责的态度，具有团队意识和交流能力及妥善处理人际关系的能力；具有良好的职业道德和爱岗敬业精神，树立良好的职业道德意识。

## 【相关课点】

砌体和抹灰工程施工流程；

砌体和抹灰工程施工方案编制；

砌体和抹灰工程质量控制要点。

## 【建议学时】

1 周。

## 【教学方法】

1. 一线工人师傅演示、讲解；
2. 指导教师现场指导。

## 【前置任务】

案例分析：本项目位于某市中心区域，为一栋 20 层高的住宅楼。总建筑面积约为 50 000 $m^2$，其中包含住宅、商业及配套设施。本案例将重点讨论该住宅楼中填充墙砌筑工程的相关内容。填充墙采用轻质加气混凝土砌块，旨在满足建筑隔声、隔热及节能要求。本工程主体结构为钢筋混凝土框架体系，填充墙设计用于分隔户内空间及公共区域。填充墙材料选用轻质加气混凝土砌块，规格为 600 mm×200 mm×200 mm，砌块之间采用专用砂浆黏结。设计墙体厚度为 200 mm，局部区域根据隔声需要加厚至 240 mm。

## 一、砌体和抹灰工程施工流程

砌体和抹灰总包单位报批流程如图 2-4-1 所示。

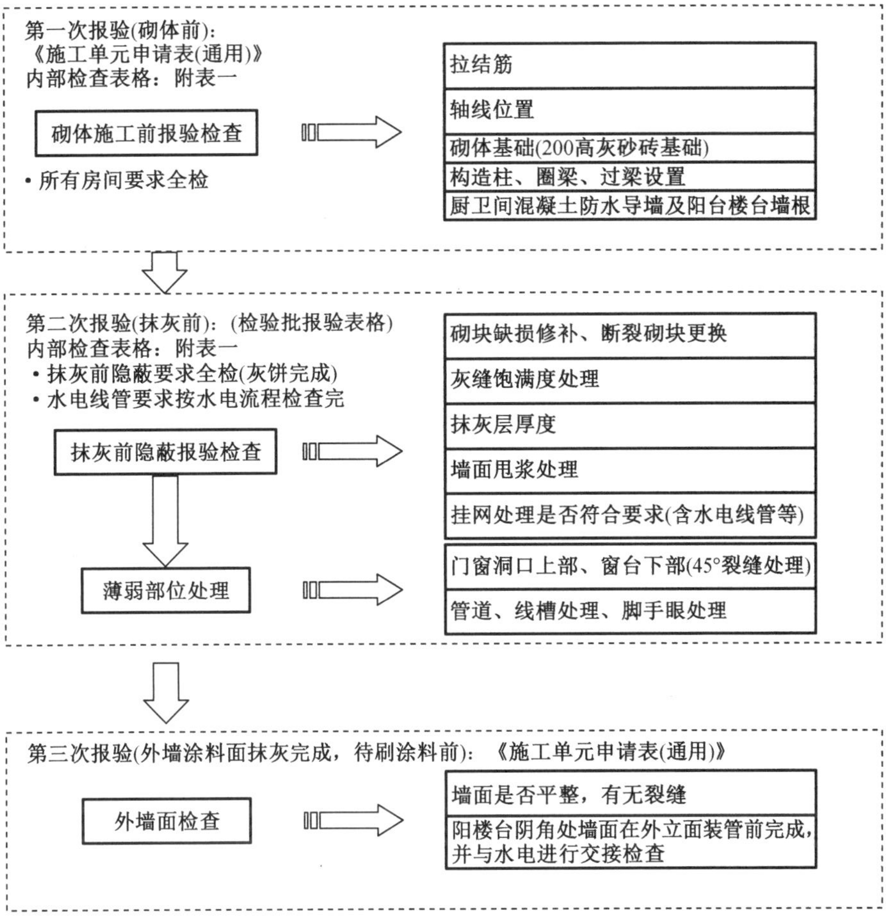


**图 2-4-1　砌块和抹灰总包单位报批流程图**

## 二、砌体和抹灰工程施工方案编制

砌体和抹灰工程检测方案编制见表 2-4-1。

**表 2-4-1　________项目砌体和抹灰工程检测方案编制(内外墙抹灰)**

栋号：　　　　　　　　　　　楼层：　　　　　　　　　　　日期：

| 序号 | 编制内容 | 编制情况 | 备注 |
|---|---|---|---|
| 1 | 拉结筋 | | |
| | 轴线位置 | | |
| | 砌体基础 | | |
| | 构造柱、圈梁、过梁设置 | | |
| | 厨房、卫生间防水导墙 | | |

**表 2-4-1**(续)

栋号： 楼层： 日期：

| 序号 | 编制内容 | | 编制情况 | 备注 |
|---|---|---|---|---|
| 2 | 增加隐蔽验收 | 砌块缺损修补、断裂砌块更换 | | |
| | | 灰缝饱满度处理 | | |
| | | 抹灰层厚度 | | |
| | | 墙面甩浆处理 | | |
| | | 挂网处理是否符合要求(含水电线管) | | |
| 3 | 关键部位处理 | 门窗洞口上部、窗台下部(45°裂缝处理) | | |
| | | 管道、线槽处理、脚手眼处理 | | |
| | | 钢丝网、玻纤网铺设 | | |
| 4 | 分层抹灰、底糙与面层之间加设玻纤网 | | | |
| 5 | 砂浆配合比控制，外墙砂浆丹强丝含量 0.9 kg/m$^3$(抽查) | | | |
| 6 | 实测项目 | 平整度 | | |
| | | 垂直度 | | |
| 7 | 观感 | 砂眼、孔洞 | | |
| | | 阴阳角线条平直、方正 | | |

## 三、砌体和抹灰工程质量控制要点

### (一)砌体材料

**1. 砌块**

主要有混凝土空心砌块、加气混凝土砌块和粉煤灰砌块。

混凝土空心砌块为竖向方孔，规格为 390 mm×190 mm×190 mm。

强度等级分为 MU20、MU15、MU10、MU7.5、MU5。

加气混凝土砌块的规格较多，一般长度为 600 mm，高度有 200 mm、240 mm、300 mm，宽度有 A、B 两种系列。强度等级分为 MU7.5、MU5、MU3.5、MU2.5、MU1.0。按其容重、外观质量，又分优等品(A 极品)、一等品(B 极品)和合格品。

粉煤灰砌块的规格为 880 mm×380 mm、430 mm×240 mm 两种，强度等级分为 MU13、MU10。

**2. 砌筑砂浆**

常用的砌筑砂浆有水泥砂浆、水泥混合砂浆和石灰砂浆。砂浆的强度等级分为 M15、'0、M7.5、M5、M2.5。

(1)原材料要求。

水泥使用前应对其强度、安定性进行复检,水泥出厂超过三个月(快硬水泥为一个月)或对水泥质量有怀疑时应复查试验。

不同品种的水泥不得混合使用!

水泥砂浆采用的水泥强度等级不宜大于32.5,水泥混合砂浆采用的水泥强度等级不宜大于42.5。

砂浆用砂不得含有有害杂物,砂的含泥量一般不超过5%,对强度等级小于M5的水泥混合砂浆可适当放宽,但也不得超过10%。砖砌体砂浆宜用中砂,石砌体砂浆宜用粗砂。

生石灰熟化成石膏时,应用孔径不大于3 mm×3 mm的网过滤,熟化时间不少于7天,严禁使用脱水硬化的石灰膏。

使用袋装磨细生石灰粉,其熟化时间不少于2天。

(2)砂浆的制备。

砂浆制备应采用经试配调整后的配合比。水泥配料的误差控制在±2%以内,砂、石灰膏和外掺料控制在±5%以内。

砂浆中掺入外掺料可改善其和易性,常用的外掺料有黏土膏、电石膏和粉煤灰等。

在砂浆中掺入有机塑化剂、早强剂、缓凝剂、防冻剂等,应经检验和试配符合要求后方可使用。

掺用外加剂时,应将外加剂按规定浓度溶入水中,将其溶液与拌和水一起投入拌和,不得将外加剂直接投入拌制的砂浆中。

砂浆应采用机械拌和,水泥砂浆和水泥混合砂浆的拌和时间不少于2 min,水泥粉煤灰砂浆和掺用外加剂的砂浆不少于3 min,掺用有机塑化剂的砂浆不少于3~5 min。

砂浆的稠度对砖砌体宜控制在70~90 mm,对石砌体宜为30~50 mm。

(3)砂浆的使用。

砂浆应随拌随用,水泥砂浆和水泥混合砂浆应分别在3 h和4 h内用完,如气温超过30 ℃时,应分别在2 h和3 h内用完。

基础工程一般应采用水泥砂浆,强度要求较高或砌体环境潮湿的墙体应采用水泥混合砂浆,强度要求不高且环境干燥的砌体可采用石灰砂浆(图2-4-2)。

**图2-4-2　砌筑墙体**

**3. 砌体材料的取样检验**

(1)砖的取样检验。

按烧结砖15万块、多孔砖5万块、灰砂砖及粉煤灰砖10万块为一验收批,抽检数量为一组。

(2)砂浆的强度验收。

取样:每一楼层(基础可按一个楼层计)或不超过250 $m^3$ 砌体为一验收批,各品种和强度等级取样不少于3组,每台搅拌机应至少抽检一次。在砂浆搅拌机出料口取样制作砂浆试块,同盘砂浆只应制作一组试块。

试件强度:砂浆试块强度以边长70.7 mm的立方体试块、标准养护28天的抗压试验结果为准。

合格标准:同一验收批砂浆试块平均抗压强度大于或等于设计强度等级;同一验收批砂浆试块的最小一组平均值大于或等于设计强度等级的0.75倍。

当砂浆试块缺乏代表性或试块数量不足、对砂浆试块的试验结果有怀疑或争议、砂浆试块的试验结果不能满足设计要求时,可采用现场检验方法对砂浆和砌体强度进行原位检测或取样检测,并重新判定其强度。

## (二)砖砌体施工

**1. 砖砌体施工工序**

普通烧结砖砌筑工序包括:抄平→放线→摆砖样→立皮数杆→立头角、挂线→铺灰、砌砖、勾缝等。

(1)抄平。

砌砖墙前,先在基础面或楼面上按标准的水准点定出各层标高,并用水泥砂浆或C10细石混凝土找平。

(2)放线。

底层墙身按龙门板上轴线定位钉为准,拉线、吊线锤,将墙身中心轴线投放至基础顶面,并据此弹出墙身边线及门窗洞口位置。

楼层墙身的放线,应利用预先引测在外墙面上的墙身中心轴线,用经纬仪或线锤向上引测。

轴线的引测是放线的关键!

(3)摆砖样。

按选定的组砌方法,在墙基顶面放线位置试摆砖样(生摆,即不铺灰),尽量使门窗垛符合砖的模数,偏差小时可通过竖缝调整,以减少斩砖数量,并保证砖及砖缝排列整齐、均匀,以提高砌砖效率。

摆砖样在清水墙砌筑中尤为重要!

(4)立皮数杆。

立皮数杆可控制每皮砖砌筑的竖向尺寸,并使铺灰、砌砖的厚度均匀,保证砖皮水平。皮数杆标有砖的块数、灰缝厚度及门窗洞、过梁、楼板的标高。它位于墙的转角处,其基准标高用水准仪校正。如墙很长,可每隔10~20 m再立一根。

(5)盘角、挂线。

砌砖通常先在墙角以皮数杆进行盘角,然后将准线挂在墙侧,作为墙身砌筑的依据,每砌一皮或两皮,准线向上移动一次。

(6)铺灰、砌砖。

铺灰、砌砖的操作方法很多,与各地区的操作习惯、使用工具有关。常用的砌砖工程施工方法有:挤浆法、刮浆法和满口灰法。操作工具北方多用大铲,南方多用泥(瓦)刀。

当采用铺浆法砌筑时,铺浆长度不得超过 750 mm,施工期间气温超过 30 ℃时,铺浆长度不得超过 500 mm。

常用的砌砖工程施工方法有:挤浆法、刮浆法和满口灰法。

目前建筑业流行的砌砖方法是“三一砌砖法”。“三一砌砖法”是刮浆法的一种,其操作口诀是:“一铲(刀)灰、一块砖、一挤揉”。

砖墙的组砌方法:为提高砌体的整体性、稳定性和承载力,砖块排列应遵循上下错缝的原则,避免垂直通缝出现,错缝或搭砌长度一般不小于 60 mm。实心墙体的组砌方法有“一顺一丁”“三顺一丁”“梅花丁”等方法。

**2. 一般规定**

(1)砖的品种、强度等级必须符合设计要求,砖应提前 1 天浇水湿润,避免砖过多吸收砂浆中的水分而影响黏结力,烧结普通砖、空心砖含水率宜为 10%~15%,灰砂砖、粉煤灰砖含水率宜为 5%~8%(现场用“断砖法”检查,砖截面四周浸水深度在 15~20 mm 时为符合要求的含水率)(图 2-4-3)。

**图 2-4-3　砌体砖验收**

(2)在有冻胀环境和条件的地区,地面或防潮层以下不宜采用多孔砖。

(3)在墙上留置临时洞口,其侧边离交接处墙面不应小于 500 mm,洞口净宽不应超过 1 m。

(4)不允许留设脚手眼的墙体或部位:

①120 mm 厚的墙体、独立柱;

②宽度小于 1 m 的窗间墙;

③门窗洞口两侧 200 mm 和转角处 450 mm 范围内；

④梁或梁垫下及其左右 500 mm 范围内；

⑤过梁上与过梁呈 600 角的三角形范围及过梁净跨度 1/2 的高度范围内。

(5)尚未施工楼板或屋面的墙或柱，当可能遇到大风时，超过限值时，应采取临时支撑等有效措施。

(6)240 mm 厚承重墙的每层墙的最上一皮砖、砖砌台阶的上水平面及挑出层，应整砖丁砌；

(7)搁置预制梁板的砌体顶面应找平，安装时应再坐浆。

(8)多孔砖的孔洞应垂直于受压面砌筑。

(9)墙厚 370 mm 及以上的砌体宜双面挂线砌筑。

(10)竖向灰缝不得出现透明缝、瞎缝和假缝。

(11)框架梁的填充墙砌至梁底应预留 18~20 cm，间隔一周左右后再用实心砖斜砌挤紧，砂浆饱满。间隔一周是让新砌体完成墙体自身沉缩，斜砌可减少灰缝收缩，以防止梁底由于墙体沉缩造成开裂。

**3. 质量要求**

砌筑工程质量的基本要求是：横平竖直、砂浆饱满、灰缝均匀、上下错缝、内外搭砌、接槎牢固(图 2-4-4)。

**图 2-4-4　验收砌筑质量**

横平竖直、砂浆饱满——指灰缝要横平竖直，实心砖砌体水平灰缝的砂浆饱满度不得低于 80%。水平缝厚度和竖缝宽度规定为 10 mm±2 mm。

上下错缝——指砖砌体上下两皮砖的竖缝应当错开，以避免上下通缝。

接槎——指相邻砌体不能同时砌筑而设置的临时间断，它可便于先砌砌体与后砌砌体之间的接合。

(1)水平灰缝的砂浆饱满度不得小于 80%，用百格网检查砖底面与砂浆的黏结痕迹面积，每检验批抽查不少于 5 处，每处检测 3 块，取其平均值。

(2)砖砌体的转角处和纵横墙交接处应同时砌筑，严禁无可靠措施的内外墙分砌施工，对不能同时砌筑而又必须留置的临时间断处应砌成斜槎，斜槎水平投影长度不小于高度的 2/3。

(3)非抗震设防及抗震设防烈度为6、7度地区的临时间断处，当不能留斜槎时，除转角处之外，可留直槎，但直槎必须做成凸槎，并加设拉结钢筋。

拉结钢筋沿墙高每500 mm留设一道，数量为每120 mm厚墙放置1$\Phi$6拉结钢筋(120 mm厚墙放置2$\Phi$6)；埋入长度从留槎处算起，每边均不应小于500 mm，抗震设防烈度6、7度的地区，不应小于1 000 mm；末端应有900弯钩。

(4)砖砌体轴线位置偏移不得大于10 mm；砖砌体的垂直度允许偏差，每层楼为5 mm，建筑物全高≤10 m时为10 mm，全高>10 m时为20 mm。

(5)砖砌体组砌方法应上下错缝、内外搭砌，砖柱不得采用"包心砌法"。要求清水墙、窗间墙无通缝，混水墙大于或等于300 mm的通缝每间房不超过3处，且不得位于同一面墙上。

(6)砖砌体的灰缝应横平竖直、厚薄均匀，水平灰缝厚度宜为10 mm，但不应小于8 mm，也不应大于12 mm。一步架的砖砌体，每20 m抽查一处，用尺量10皮砖砌体高度折算。

**4. 混凝土构造柱**

(1)混凝土构造柱的构造。

①构造柱的截面尺寸不宜小于240 mm×240 mm，构造柱配筋中柱不宜少于4$\Phi$12，边柱、角柱不宜少于4$\Phi$14；箍筋宜为$\Phi$6@200(楼层上下500 mm范围内宜为$\Phi$6@100)；竖向受力钢筋应基础梁和楼层圈梁中锚固；混凝土强度等级不宜低于C20。

②砖墙与构造柱的连接处应砌成马牙槎，每一个马牙槎的高度不宜超过300 mm，并沿墙高每隔500 mm设置2$\Phi$6拉结钢筋，拉结钢筋每边伸入墙内不宜小于600 mm。

(2)构造柱施工。

①钢筋混凝土构造柱应遵循"先砌墙、后浇筑"的程序进行。施工程序为：绑扎钢筋→砌砖墙→支模板→浇混凝土→拆模。

②构造柱与墙体连接处的马牙槎，从每层柱脚开始，先退后进，马牙槎沿高度方向不宜超过300 mm，齿深60~120 mm，沿墙高每500 mm设2$\Phi$6拉结钢筋。

③马牙槎砌好后，应立即支设模板，模板必须与墙的两侧严密贴紧、支撑牢固，防止模板漏浆，模板底部应留出清理孔，以便清除模板内的杂物，清除后封闭。

④浇灌构造柱混凝土前，应将砌体及模板浇水湿润，利用柱底预留的清理孔清理落地灰、砖渣及其他杂物，清理完后立即封闭洞眼。

⑤浇灌混凝土前先在结合面处注入适量与混凝土配比相同的去石水泥砂浆，构造柱混凝土分段浇灌，每段高度不大于2 m，振捣时，严禁振捣器触碰砖墙。

## (三)中小型砌块砌体施工

**1. 混凝土小型空心砌块砌体**

(1)构造要求。

地面或防潮层以下的砌体应采用普通混凝土小砌块和M5水泥砂浆。

五层及五层以上房屋的底层墙体应采用不低于MU7.5的混凝土小砌块和M5的砌筑

砂浆；

（2）下列部位的砌体，应采用 C20 混凝土灌实砌体的孔洞：

①底层室内地面或防潮层以下的砌体；

②无圈梁的檩条和楼板支承面下的一皮砌体；

③未设置混凝土梁垫的屋架、梁等构件支承处，灌实宽度、高度不小于 600 mm 的砌块；

④挑梁支承面下内外墙交接处，纵横各灌实 3 个孔洞，灌实高度不小于三皮砌块。

（3）先砌墙与后砌隔墙交接处，应沿墙高每 400 mm 在水平灰缝内设置不少于 2$\Phi$4、横筋间距不大于 200 mm 的焊接钢筋网片。钢筋网片伸入后砌隔墙内不小于 600 mm。

**2. 混凝土小型空心砌块砌筑施工**

（1）施工时所用的砌块的龄期不应小于 28 天，砌筑时不得浇水。

（2）砌块的砌筑应立皮数杆、拉准线，从转角处或定位处开始，内外墙同时砌筑、纵横墙交错搭接。

（3）砌块的砌筑应遵循“对孔、错缝、反砌”的规则进行，即上皮砌块的孔洞对准下皮砌块的孔洞，则上下皮砌块的壁、肋可较好传递竖向荷载，保证砌体的整体性和强度；错缝（搭砌）可增强砌体的整体性；将砌块生产时的底面朝上，便于铺放砂浆和保证水平灰缝的饱满度。

上下皮小砌块竖向灰缝错开 190 mm，特殊情况无法对孔砌筑时，普通混凝土小砌块错缝长度不小于 90 mm，轻骨料混凝土砌块错缝长度不小于 120 mm。无法满足此规定时，应在水平灰缝中设置 4Φ4 钢筋网片，网片每端均应超过该竖向灰缝长度 400 mm。

（4）小砌块砌体的临时间断处应砌成斜槎，斜槎长度不小于高度的 2/3。转角处及抗震设防区严禁留置直槎。非抗震设防区的内外墙临时间断处留斜槎有困难时，可从砌体面伸出 200 mm 砌成阴阳槎，并每三皮砌块设拉结筋或钢筋网片，接槎部位延至门窗洞口。

（5）承重墙体严禁使用断裂砌块。

（6）需移动砌体中的砌块或砌块被撞动时，应重新铺砌。

（7）砌块的日砌筑高度一般控制在 1.4 m 或一步架内。

**3. 芯柱施工**

（1）小砌块砌体的下列部位宜设置芯柱：

①在外墙转角、楼梯间四角的纵横墙交接处的三个孔洞，宜设置素混凝土芯柱；

②五层及五层以上房屋，宜在上述部位设置钢筋混凝土芯柱。

（2）芯柱截面不小于 120 mm×120 mm，宜用不低于 C20 细石混凝土浇灌。

（3）钢筋混凝土芯柱每孔不应小于 1$\Phi$10 带肋钢筋，底部应伸入室内地坪下 500 mm 或与基础圈梁锚固，顶部应与屋盖圈梁锚固。

（4）芯柱柱脚应留设清扫口，砌至要求标高后，应及时清理芯柱孔内壁及芯柱孔内掉落的砂浆等杂物。

（5）砌筑砂浆强度达到 1 MPa 时方可浇灌芯柱混凝土，浇灌芯柱混凝土前应清除孔洞内砂浆杂物，并用水冲洗，先注入适量的与混凝土相同的去石水泥砂浆，再分层、连续浇筑，不得留施工缝。

(6)芯柱应沿房屋全高贯通,并与各层圈梁整体现浇。芯柱处沿墙高每隔 400 mm 应设 $\Phi4$ 钢筋网片拉结,每边伸入墙体不小于 600 mm。如图 2-4-5 所示。

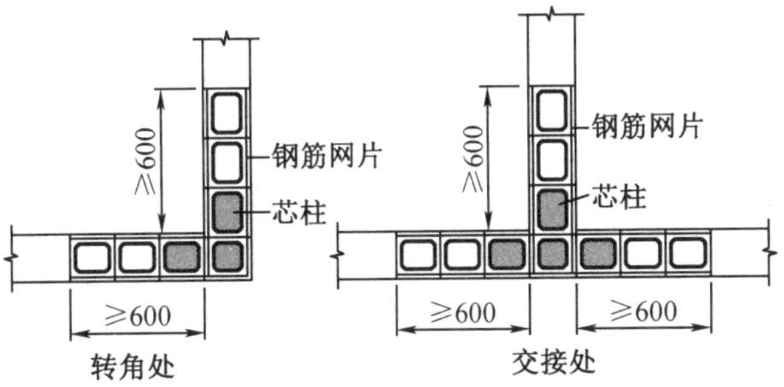


图 2-4-5　芯柱灌实

(7)对于配筋小型空心砌块砌体,芯柱混凝土应在装配式楼盖处贯通,不得削弱芯柱截面。

## 【前置任务】

### 【案例背景】

本项目位于某市中心区域,为一栋 20 层高的住宅楼。总建筑面积约为 50 000 $m^2$,其中包含住宅、商业及配套设施。本案例将重点讨论该住宅楼中填充墙砌筑工程的相关内容。填充墙采用轻质加气混凝土砌块,旨在满足建筑隔声、隔热及节能要求。本工程主体结构为钢筋混凝土框架体系,填充墙设计用于分隔户内空间及公共区域。填充墙材料选用轻质加气混凝土砌块,规格为 600 mm×200 mm×200 mm,砌块之间采用专用砂浆黏结。设计墙体厚度为 200 mm,局部区域根据隔声需要加厚至 240 mm。

### 【分析内容】

**一、施工准备**

(1)材料准备:采购符合设计要求的轻质加气混凝土砌块及专用砂浆,并对材料进行质量检查。

(2)施工机械准备:准备好砂浆搅拌机、运输车、砌块搬运工具等施工机械。

(3)场地准备:清理施工场地,确保施工区域无障碍物,同时搭设好临时施工设施。

(4)技术准备:对施工人员进行技术交底,明确施工方法及质量要求。

**二、施工安排**

(1)施工顺序:按照施工图纸进行放线,从底层开始逐层施工。

(2)施工方法:采用湿砌法施工,先将砂浆涂抹在砌块表面,再将砌块放置在指定位置,用橡皮锤轻轻敲击使砌块与砂浆紧密结合。

(3)施工进度:合理安排施工工期,确保施工质量与进度同时满足要求。

**三、砌筑技术**

(1)砌筑要点:砌块应错缝砌筑,确保墙体整体稳定。砌块之间应紧密贴合,不得出现空缝。砌筑过程中应注意控制墙体垂直度及平整度。

(2)砂浆控制:砂浆配比应符合设计要求,搅拌均匀。涂抹砂浆时应控制砂浆厚度,避免过厚或过薄影响砌筑质量。

(3)门窗洞口处理:门窗洞口应按要求设置过梁及预制块,确保洞口尺寸准确、稳定。

**四、质量与安全**

(1)质量控制:施工过程中进行质量检查,确保砌块、砂浆等材料质量符合设计要求。同时,对砌筑质量进行抽检,确保墙体垂直度、平整度等符合要求。

(2)安全措施:加强施工现场安全管理,设置安全警示标志。施工人员应佩戴安全防护用品,遵守安全操作规程。

**【总结】**

验收标准:按照施工图纸及施工规范要求对填充墙砌筑工程进行验收。验收内容包括墙体尺寸、垂直度、平整度、砂浆饱满度等。

验收结果:经过验收,本工程填充墙砌筑质量符合设计要求及施工规范要求。

总结:本案例成功应用了轻质加气混凝土砌块砌筑填充墙的技术方法,确保了施工质量及工期要求。同时,通过加强施工现场管理及质量控制,确保了施工安全及工程质量。该案例对于类似工程的施工具有一定的借鉴意义。

## 【学习产出】

实训任务见表 2-4-2。

**表 2-4-2 试块检测试验报告**

| | | | |
|---|---|---|---|
| 工程项目 | | 委托单位 | |
| 样品名称 | | 样品编号 | |
| 产地厂家 | | 规格型号 | |
| 样品状态 | | 样品数量 | |
| 送样日期 | | 试验日期 | |
| 试验项目 | | | |
| 检测依据 | | | |
| 判定依据 | | | |

**表 2-4-2**(续)

| | |
|---|---|
| 主检设备<br>名称编号 | |
| 检测结论 | |
| 备注 | |

编　制：____________________

审　核：____________________

批　准：____________________

签发日期：　　年　　月　　日

# 任务五　防水工程施工过程及质量控制

## 【教学目标】

知识：掌握刚性防水屋面的一般构造和细部构造、卷材防水屋面施工的一般构造和细部构造、涂膜防水屋面施工的一般构造和细部构造。掌握厕浴间防水工程的一般构造和细部构造及施工程序。

技能：能够编制屋面施工方案；能够设计地下结构自防水施工方案；能够根据实际情况设计厕浴间防水工程施工方案。

态度：培养学生团队合作意识；培养学生树立劳动最光荣的意识以及吃苦耐劳的精神。

## 【相关课点】

防水工程施工流程；
防水工程施工方案编制。

## 【建议学时】

1周。

## 【教学方法】

1. 一线工人师傅演示、讲解；
2. 指导教师现场指导。

## 【前置任务】

案例分析：本次防水工程施工位于XX市某高层住宅小区地下停车场，总面积约为XXXX $m^2$。由于该区域常年处于地下，湿度大，对防水性能的要求极高。本次施工的主要目标是在保证施工质量的前提下，提高防水效果，确保地下停车场长期无渗漏现象。根据工程实际情况和防水要求，选择了聚合物水泥基防水涂料作为主要防水材料。该涂料具有良好的黏结力、耐水性、耐候性和抗渗性能，能够满足本工程的防水需求。同时，我们还选用了专用防水卷材作为加强层，以提高防水层的整体性能。

## 一、防水工程施工流程

室内外防水合作单位报批流程如图2-5-1所示。

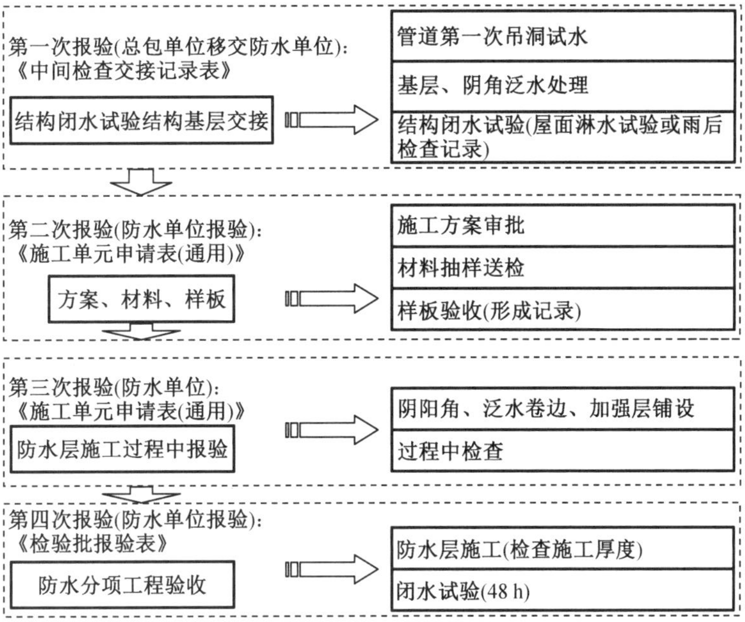


**图 2-5-1　室内外防水合作单位报批流程图**

## 二、防水工程施工方案编制

### (一)管理过程

**1. 事前控制**

组织相关单位和部门对地下室建筑、结构、水、暖、电等各专业设计施工图进行审图。专项防水设计方案的设计和评审。根据工程需要,邀请设计单位、防水设计单位、施工总包及监理单位对设计方案进行评审。

(1)评审主要包括以下内容:

设计方案是否符合国家现行标准要求;

设计方案是否符合本工程实际施工条件要求,如冬季施工、梅雨季施工、是否有施工空间、能否满足工程进度要求等;

材料选择的合理性以及变形缝、后浇带等细部节点、防水构造设计是否合理;

工程造价是否经济、合理。

(2)图纸会审和技术交底。在完成防水工程施工图设计和专业施工单位的选择后,组织设计、施工、监理等进行图纸会审和技术交底,注重从施工准备到施工完成全过程工艺流程,对每一施工过程重点、注意事项和要求及施工过程质量管理控制方法等几方面进行交底工作。

(3)施工单位进场后,审查施工单位是否具备专业施工资质,项目管理班子及现场操作人员是否与投标文件相符,是否按要求持证上岗,是否具有建设行政主管部门或其指定单位颁发的执业资格证书。

(4)施工作业前,施工单位应编制地下室防水工程施工方案或施工组织设计,报总包单位、监理单位、审核认可后方可进行施工。

(5)根据施工方案,检查现场操作人员安全教育、技术措施交底情况,在施工中严格遵守安全规章制度。

(6)检查监理实施细则是否具有针对性和可操作性。

(7)检查施工单位是否建立各道工序的自检、交接检和专职人员检查的“三检”制度,是否制定完善的施工检查记录制度。未经上道工序检查确认,严禁进入下道工序的施工。

(8)检查防水材料是否符合要求,防水材料必须是甲方确认的品牌,必须有出厂合格证,成批材料进场后,进行甲方、监理施工单位见证抽样,三方送检测机构检测,按国家现行规范进行复检,复检结果必须符合国家及行业产品标准和设计要求。材料品种、品牌以及进场质量控制、检测等相关要求应在施工招标文件和施工合同中予以明确。

(9)检查施工单位进场人员、机械设备等是否符合合同及施工组织设计要求。检查施工单位是否对工程具体情况了解清楚。如施工环境、土建施工顺序、工期安排、地下水位情况等。

(10)检查施工单位的材料堆放、操作情况处理是否到位,防火应急措施是否准备周全。

(11)现场施工条件的检查:

检查土建、安装工程是否已完成,是否符合防水施工条件,检查基层是否有积水;

检查防水基层是否符合相应防水材料的施工要求,对不符合要求的应进行修整至符合要求止;对不可能实现的要求,则应对防水方案进行局部调整;

检查施工机具、用电、用水、照明、安全设施等工作是否落实到位;

气候条件对施工质量有影响时,检查施工单位采取的技术措施是否正确合理,施工单位应针对高温、低温、雨、雪、大风等气候条件采取可靠的技术措施保证施工质量。

**2. 事中控制**

(1)检查进场材料是否按规定要求做好标识、分类堆放和覆盖保护,进场材料记录是否齐全完整。

(2)若防水材料选用卷材,复核防水卷材弹线放样定位是否准确,搭接尺寸是否满足规范要求。

(3)注意:

树脂类防水板材料不宜使用在地下室防水工程中。

在地下室工程中采用卷材防水时,底板可采用空铺法施工,但立面及收头处必须实铺;墙板、顶板必须采用满铺方式施工。

自黏改性沥青卷材低温施工时,宜用加热器进行加热后铺贴。

(4)铺贴聚乙烯丙纶防水卷材时,必须采用聚合物水泥砂浆黏结材料或刚性防水材料黏结,不得使用水泥原浆掺聚乙烯醇缩合物作黏结剂。

(5)对于涂料胎体材料的选择:水性涂料可采用 40~50 $g/m^2$ 丙纶无纺布;油性涂料可采用无纺布、玻纤布。

**3. 事后控制**

各分项工程结束后,应督促专业监理工程师及时进行验收。对地下防水子分部工程以下分项工程验收:防水混凝土、水泥砂浆防水层、卷材防水层、涂料防水层、细部构造等。

(1)在地下室工程施工完成后,应组织分部工程验收和分部工程质量评定。

(2)目测检查混凝土结构是否出现裂缝或渗漏水现象,若出现裂缝或渗漏水现象应按公司相关程序进行整改、返修或加固,并做好相关记录。

(3)防水材料材质证明及复试符合设计及规范要求。

(4)防水层的厚度符合设计要求,施工方法及节点处理符合设计及规范要求。

(5)防水层表面平整、不皱褶,防水层不得渗漏。

(6)施工过程应进行中间检查,应有自检记录。

(7)整理施工方案、施工日记、隐蔽工程验收单、自检记录、技术交底等资料存档。

(8)定期质量回访。在防水工程使用期间,通过与客户服务部、业主沟通回访,及时了解防水施工质量情况。特别是防水工程规定的耐久年限里,每逢雨、雪季来临时,应对地下防水工程进行渗漏检查。

### (二)防水工程质量控制要点

(1)材料质量控制:防水材料进场时必须有合格证、质量检验报告、计量措施和现场抽样报告。选择防水材料时,应优先考虑新型防水材料,如高分子防水卷材和改性沥青防水卷材,这些材料适用于屋面及地下防水工程,且具有较好的耐老化性能。同时,应坚持对防水材料质量进行认证检测,确保使用的防水材料质量可靠。

(2)施工细节处理:转角、管根等细部做法必须满足要求,涂层黏结应牢固、严密。涂膜防水层厚度不得小于设计的80%,使用针测法或割取20 mm×20 mm实样用卡尺量测。防水层与基层应黏结牢固,表面平整,涂刷均匀,不得有流淌、皱褶、鼓泡等缺陷。

(3)基层处理:基层应牢固,表面平整、洁净,不得有空鼓、松动、起砂和脱皮现象。基层阴阳角应做成圆弧形,以增强防水效果。

(4)施工过程控制:防水卷材施工前应对砼基层进行检查验收,有问题应及时处理。检查防水卷材质量,包括表面质量、卷材厚度、出厂日期,除有出厂合格证之外,还应进行材料复试。防水卷材施工时,检查卷材与基层黏结是否牢固,卷材间搭接宽度应符合要求,搭接处应黏结牢固,封口应严密。

(5)质量验收与维护管理:加强维修管理,经常清理垃圾及杂物,避免雨水口堵塞,确保排水系统畅通。同时,对卷材防水层细部施工质量进行监理控制,确保工程质量。

## 【前置任务】

### 【案例背景】

本次防水工程施工位于XX市某高层住宅小区地下停车场,总面积约为XXXX $m^2$。由于该区域常年处于地下,湿度大,对防水性能的要求极高。本次施工的主要目标是在保证施工质量的前提下,提高防水效果,确保地下停车场长期无渗漏现象。根据工程实际情况和防水要求,选择了聚合物水泥基防水涂料作为主要防水材料。该涂料具有良好的黏结力、耐水性、耐候性和抗渗性能,能够满足本工程的防水需求。同时,我们还选用了专用防水卷材作为加强层,以提高防水层的整体性能。

【分析内容】

**一、施工前准备**

(1)对施工区域进行彻底清扫,确保基面无油污、灰尘等杂物。

(2)检查基层的平整度、强度及含水率,如有不合格部位需进行处理。

(3)根据设计要求,在基层上弹出防水层施工线,确保施工准确。

**二、防水层施工**

(1)涂刷底涂:在基层上均匀涂刷一遍聚合物水泥基防水涂料的底涂,待其干燥后方可进行下一道工序。

(2)涂刷面涂:在底涂干燥后,均匀涂刷两遍聚合物水泥基防水涂料的面涂,确保涂层厚度符合设计要求。

(3)铺设防水卷材:在面涂干燥后,按照设计要求铺设专用防水卷材,确保卷材与涂层之间黏结牢固,无气泡、皱褶等现象。

**三、节点处理**

(1)对墙角、管道口等节点部位进行特殊处理,确保防水层与基层紧密贴合,无死角。

(2)对管道周围进行加强处理,采用专用防水材料对管道周围进行涂刷或包裹,以增强防水效果。

**四、质量检测与验收**

(1)对施工完成的防水层进行全面检查,确保涂层均匀、无漏涂、无气泡等现象。

(2)进行闭水试验,检查防水层是否有渗漏现象。如有渗漏,需及时进行处理直至合格。

(3)验收合格后,填写相关验收记录并移交甲方。

**五、后期维护与保养**

(1)定期对防水层进行检查,如有损坏或老化现象需及时修补。

(2)避免在防水层上堆放重物或进行尖锐物品的刮擦,以免损坏防水层。

(3)如有渗漏现象发生,需及时联系专业防水施工队伍进行处理。

**六、工程效果与反馈**

经过本次防水工程施工后,地下停车场未出现渗漏现象,防水效果显著。甲方对本次施工质量给予了高度评价,并对我公司的防水施工能力表示认可。同时,我们也收到了来自业主的积极反馈,表示对地下停车场的防水效果非常满意。

【总结】

通过科学的施工规划和严格的质量控制措施,工程顺利完成。该案例展示了施工中,通过详尽的准备、精细的施工和严格的质量控制,确保工程的质量和安全的重要性和实际操作方法。施工过程中,从设计审核、材料检验、工艺控制到质量验收,每一个环节都进行了严格地把控,确保了工程质量的可靠性和稳定性。

## 【学习产出】

实训任务见表2-5-1。

**表2-5-1　室内外防水分部编制流程表**

<table>
<tr><td colspan="2" rowspan="2">室内外防水分部工程控制流程表</td><td colspan="3">完成情况</td></tr>
<tr><td>完成或检查时间</td><td>文件记录</td><td>部门检查记录</td></tr>
<tr><td>防水进场安装前协调会议</td><td>现场防水基层处理完成50%后（达到防水施工条件），由各组团负责人组织总包、防水单位协调会议；学习流程</td><td></td><td></td><td></td></tr>
<tr><td>防水单位进场</td><td>1. 方案报审批；<br>2. 防水材料进场抽样检查；<br>3. 各种防水材料先做施工样板，并报验</td><td></td><td></td><td></td></tr>
<tr><td>防水基层交接</td><td>1. 结构闭水试验（屋面淋水试验或雨后检查记录）；<br>2. 厨卫等内防水施工前墙面与地面交圆角；<br>3. 露台、平屋面等外防水施工前墙面粉刷至离地面500 mm。<br>（此项工作内容由总包单位完成并由总包单位报验，三方验收）</td><td></td><td></td><td></td></tr>
<tr><td>防水层施工阶段过程</td><td>1. 防水层细部处理完成抽查；<br>2. 防水材料配合比抽查；<br>3. 防水层厚度检查</td><td></td><td></td><td></td></tr>
<tr><td>防水层验收</td><td>切片对比施工样板检查；<br>闭水试验（48 h）</td><td></td><td></td><td></td></tr>
</table>

# 任务六　电梯安装施工过程及质量控制

## 【教学目标】

知识：熟知电梯的机械结构；了解电梯与建筑物的关系；掌握电梯机械部分的安装解析；掌握电梯电气部分的安装分析；掌握电梯的调试及测试；熟悉电梯安装工程验收流程标准。

技能：能够参与安装现场勘查及施工方案制定；能够独立完成机械、电气部分安装。

态度：具有勤奋向上、严谨细致的良好学习习惯和敬业爱岗的工作态度，互相帮助，共同学习，达到共同完成任务的目的。

## 【相关课点】

电梯工程施工流程；

电梯验收记录表；

电梯工程质量控制要点。

## 【建议学时】

1 周。

## 【教学方法】

1. 一线工人师傅演示、讲解；
2. 指导教师现场指导。

## 【前置任务】

案例分析：本次电梯工程施工位于 XX 市某高层住宅小区，总面积约为 XXXX $m^2$。该高层住宅楼需要安装多部电梯以满足居民的日常出行需求。本次施工的主要目标是在保证施工质量的前提下，完成电梯的安装。根据电梯型号和安装要求，由专业设计院设计电梯加装施工图纸。安装单位编制详细的施工方案，明确施工顺序、施工工艺、质量控制措施。安装要求包括协助主体工程的基础施工、电梯井道主体结构施工、电梯井道预留洞口、电梯井道装修等。电梯安装包括设备吊装、设备调试等。

## 一、电梯安装工程施工流程

电梯安装工程质量控制流程如图 2-6-1 所示。

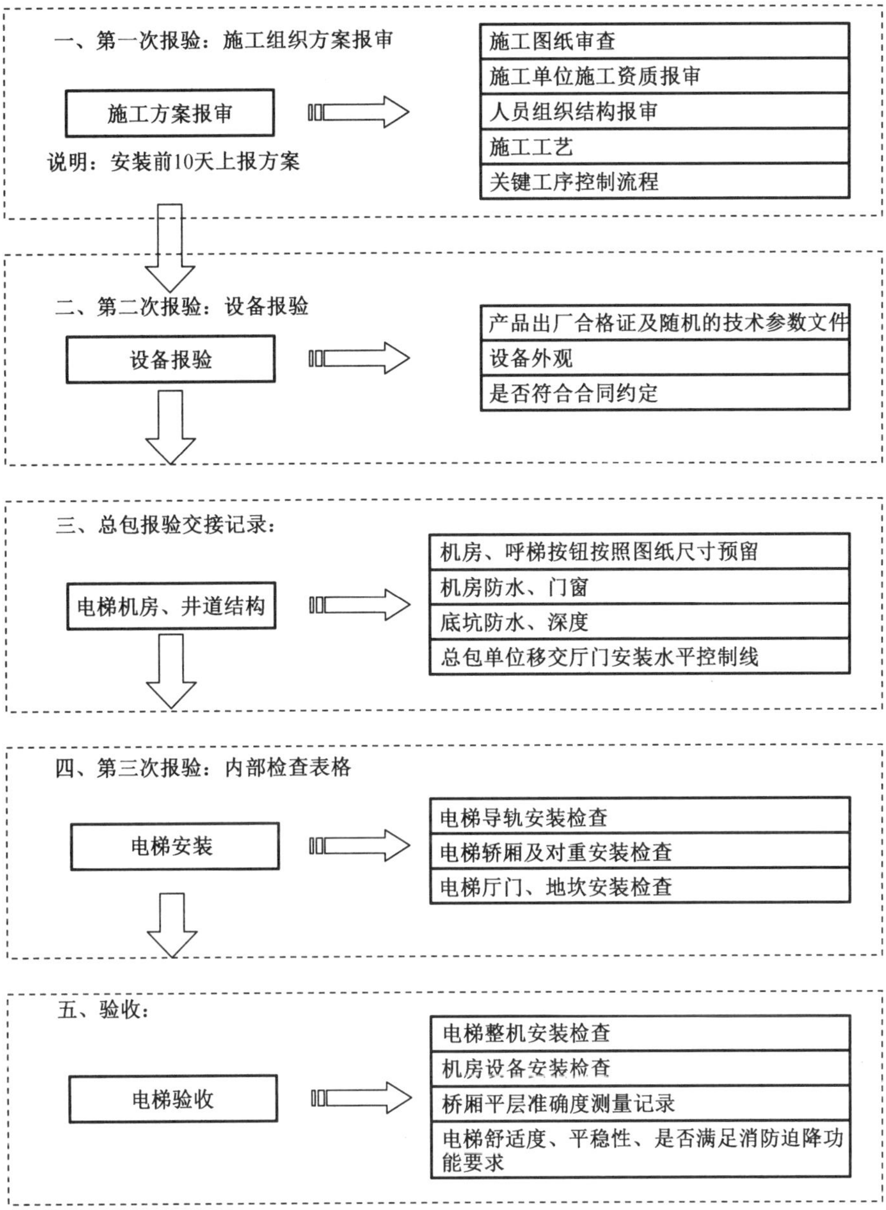


**图 2-6-1　电梯安装工程质量控制流程**

## 二、电梯验收记录表

设备验收记录表见表 2-6-1。

**表 2-6-1　设备验收记录表**

施工单位：　　　　　　　　　楼号：　　　　　　　　　单元：

| 序号 | 检验项目 | 标准 | 验收情况 |
|---|---|---|---|
| 1 | 产品出厂合格证 | 是否有 | |

表 2-6-1(续)

施工单位：　　　　　　　　　　楼号：　　　　　　　　单元：

| 序号 | 检验项目 | 标准 | 验收情况 |
|---|---|---|---|
| 2 | 门锁装置、限速器、安全钳及缓冲器的型式试验证书复印件 | 电梯安装规范 | |
| 3 | 主要部件的品牌是否符合合同约定 | 合同要求 | |
| 4 | 设备零部件及装箱单 | 内容相符 | |
| 5 | 设备外观 | 无明显损坏 | |

检查人：　　　　　　　　　　　　　　　　　　　　　　　　　日期：

## 三、电梯安装工程质量控制要点

电梯安装工程的质量控制是指在电梯的安装过程中，对其主要的工序进行科学合理的质量控制，使电梯达到以后正常使用的性能要求；加强电梯安装过程中的质量控制，能提升电梯运行的安全性能和良好的工作状态，实现电梯安全可靠的运行，从而避免事故的发生。与普通机电产品不同，电梯安装是一个系统工程，在空间上它与所处建筑物的关系联系紧密，在时间上它更与建筑物施工过程密切相关。加强安装前、中、后期的质量控制，都对整个电梯安装工程起着决定性作用。电梯安装的前期工作主要包括：安装现场勘查工作、技术交底工作、人财物的准备工作，以及施工组织方案的设计工作等。然而，以电梯检验员的角度来看，电梯安装单位普遍对该阶段的重视度不足，特别是安装现场勘查和施工组织方案设计环节，通常都流于形式、走过场。这样的行为无疑会对以后的乘梯人员带来风险！安装现场勘查的必要性安装现场勘查主要是由电梯安装单位现场负责人会同建筑业主、总包方、监理方、电梯制造单位技术人员等多方面，共同对现场电梯的土建工程（特别是井道）进行勘查，及时发现问题，并由业主或总包方整改消除隐患，确保现场具备施工条件。在实际勘查工作中，一方面是现场勘查参与方经常不齐整，由于电梯在建筑工程中属于一个小分项，工程各方都不够重视；另一方面是部分参与方不专业，甚至很多时候电梯本方的制造单位或安装单位只派专业技术欠缺的销售人员参加。由此可知，现场勘查的效果堪忧。

电梯行业人员都知道，电梯安装工程与建筑物的关系极为密切，例如，电梯机房的布置、井道的垂直度、井道内轨道支架安装基础的设置、顶层空间和底坑空间的大小、底坑的防水，以及电梯救援通道的设置等，都对电梯的最终安装质量和进度起着决定性作用。

电梯安全技术规范规定明确，电梯安装单位应当按照设计文件和标准的要求，对电梯机房（或者机器设间）、井道、层站等涉及电梯施工的土建工程进行检查，符合要求后方可进行电梯施工。如果安装前期没有发现并整改这些问题，而是都遗留到安装过程中整改解决，势必严重影响安装进度，造成不必要的整改和大规模的返工。电梯施工组织方案设计的目的是按照电梯施工工艺规律和经营管理规律，制定科学合理的组织方案、施工方案，合理安排施工顺序和进度计划，有效利用施工场地，优化配置和节约人力、物力、资金、技术等生产要素，协调各方面的工作，使其电梯施工在高效、合理、安全、有序的状态下进行。

然而,在实际检验工作中会发现,虽然大部分电梯安装单位都编制了施工方案,但大多只是用来应付检查,并不能对实际安装工作起指导作用。很多电梯安装单位都是“一招鲜”,无论安装什么类型的电梯或什么工程项目,都是采用同一施工组织方案版本,区别只是换一下项目名称而已,与现场实际完全不匹配,无法有效衔接。这些单位对施工组织方案在认识上存在相当大的局限性,缺乏应有的重视。结果,整个电梯安装过程在无序状态下进行,质量与安全都无法得到有效保障。

中期质量监控安装施工是形成电梯实体的过程,也是形成最终产品质量的重要阶段,因此,安装过程的质量控制是电梯工程项目质量控制的重点。在安装过程中,质量监控主要针对各个施工阶段而言,对各个工序进行科学合理的质量监控。该阶段主要工作内容就是对施工组织方案的分解细化以及具体实施。对施工方案中确定的每个施工工序应进行质量控制,对重要工序设置质量控制点。当上一道工序不符合要求时,不允许进入下一道工序。只有各工序的质量都符合要求,整个工程的质量才能得到保证。在整个建筑工程中,电梯分项的施工往往受制于多个环节,例如,电梯供电电源需要电力施工方配合接入,用电高峰需要总包方协调分配用电,相关楼层交叉作业时需要各施工相关方沟通协调、井道等土建工程存在误差时需要施工方修正等。电梯安装后期质量控制是指电梯安装单位完成电梯安装、调试和测试,并在自检合格的基础上,由检验机构对将要投入使用的电梯进行全面检验,最终移交业主竣备。需要注意的是,相应的调试、测试工作,以及规定时间的运行试验,对电梯运行质量的影响极其重大(图 2-6-2)。

**图 2-6-2　电梯试运行**

## 【前置任务】

### 【案例背景】

案例分析:本次电梯工程施工位于 XX 市某高层住宅小区,总面积约为 XXXX $m^2$。该高层住宅楼需要安装多部电梯以满足居民的日常出行需求。本次施工的主要目标是在保证施工质量的前提下,完成电梯的安装。根据电梯型号和安装要求,由专业设计院设计电梯加装施工图纸。安装单位编制详细的施工方案,明确施工顺序、施工工艺、质量控制措施。安装要求包括协助主体工程的基础施工、电梯井道主体结构施工、电梯井道预留洞口、电梯井道装修等。电梯安装包括设备吊装、设备调试等。

【分析内容】

**1. 施工前准备**

(1)编制施工方案,明确施工工艺、施工顺序、施工质量控制要点等;组织施工人员进行技术交底;进行施工现场的清理、测量、定位等准备工作。

(2)现场调查与准备。

进行现场调查,了解井道结构、尺寸、环境等条件;办理开工前的各种有关手续;根据现场调查报告进行图纸会审,准备人员、材料,并设立库房;开箱点件,检查电梯部件及配件的完整性。

**2. 电梯安装施工工艺**

(1)井道与机房施工。

放样板线、测量井道尺寸,确定基准线;安装导轨支架、导轨,并进行调整以确保其垂直度和间距符合要求;机房内安装承重梁、检修吊钩等部件,并确保其牢固可靠;机房门应向外开启,上锁并贴有警示标志。

(2)设备安装与调试。

安装轿厢、层门、对重等部件;调试曳引机、电气控制系统等关键部件;进行配线、接线工作,确保电气连接可靠;安装安全保护装置,并进行调试以确保其工作正常。

(3)收尾与验收。

拆除脚手架等临时设施;进行查线、测绝缘、试动慢车等工作;调整层门、轿门等部件,确保其开关灵活、平层准确;进行快车调试,测量运行数据,并进行整改;整理验收资料,准备报验及验收工作。

**3. 电梯安装质量要求**

(1)电气要求。

电梯供电电源线必须单独敷设;电气设备和配线间绝缘电阻值必须大于 0.5 MΩ,低压控制回路必须大于 0.25 MΩ。;电气接线应正确、连接可靠、标志清晰。

(2)机械要求。

机械和电气设备安装必须符合设计要求,运行正常;导轨间距、垂直度、扭曲度等应符合工艺标准及国家标准的要求;曳引电动机过电流、短路等保护装置的电阻值应符合设计要求。

(3)安全要求。

安全保护装置固定可靠、工作正常;轿厢、层门、启动、运行、减速等均应正常、舒适可靠;指令、召唤、程序转换、启动运行、变载、减速、平层等功能应正确可靠。

(4)材料要求。

电梯安装的材料主要是电梯产品本身,应确保配件的完整性及质量;辅助材料(如电焊条等)应选用质量好、信誉好的厂家产品。

(5)验收要求。

电梯安装工程质量验收应符合相关国家标准及规范的要求;承担有关安全性能检测的单位必须具有相应资质;分项工程质量验收均应在电梯安装单位自检合格的基础上进行;隐蔽工程应在隐蔽前进行质量检查确认,并形成验收文件。

**4. 工程效果与反馈**

电梯工程通常为居民生活提供便利。加装电梯后,居民上下楼更为便捷,特别是老年人和行动不便者,其生活便利性得到极大改善。

**【总结】**

电梯工程严格按照施工方案和规范,确保工程质量、安全、进度等方面的实施。通过工程施工,积累丰富的经验。在施工中发现问题并解决问题,了解不足之处,通过不断学习新知识和新技术,提高专业知识储备。

## 【学习产出】

实训任务见表 2-6-2。

**表 2-6-2　电梯进场检查实训记录表**

| 检验项目 | 标准 | 完成情况 | | |
|---|---|---|---|---|
| | | 完成或检查时间 | 文件记录 | 部门检查记录 |
| 产品出厂合格证 | 是否规范 | | | |
| 门锁装置、限速器、安全钳及缓冲器的型式试验证书复印件 | 电梯安装规范 | | | |
| 主要部件的品牌是否符合合同约定 | 合同要求 | | | |
| 设备零部件及装箱单 | 内容相符 | | | |
| 设备外观 | 无明显损坏 | | | |

# 项目三　土木工程施工管理实践

# 任务一　项目组织机构与岗位职责

项目组织机构
与岗位职责

**【教学目标】**

知识:掌握项目组织机构形式及表达方式。
技能:熟悉项目组织机构各部门工作职责。
态度:培养岗位职责感。

**【相关课点】**

项目组织类型;
项目组织结构设计原则;
项目经理的职责。

**【建议学时】**

1 周。

**【教学方法】**

1. 一线工人师傅演示、讲解;
2. 指导教师现场指导。

**【前置任务】**

1. 通过小组团队预习并了解基本的管理学原理;
2. 网络检索企业组织架构,并能简要说明各部门的职责。

## 一、项目组织机构

项目组织机构如图 3-1-1 所示。

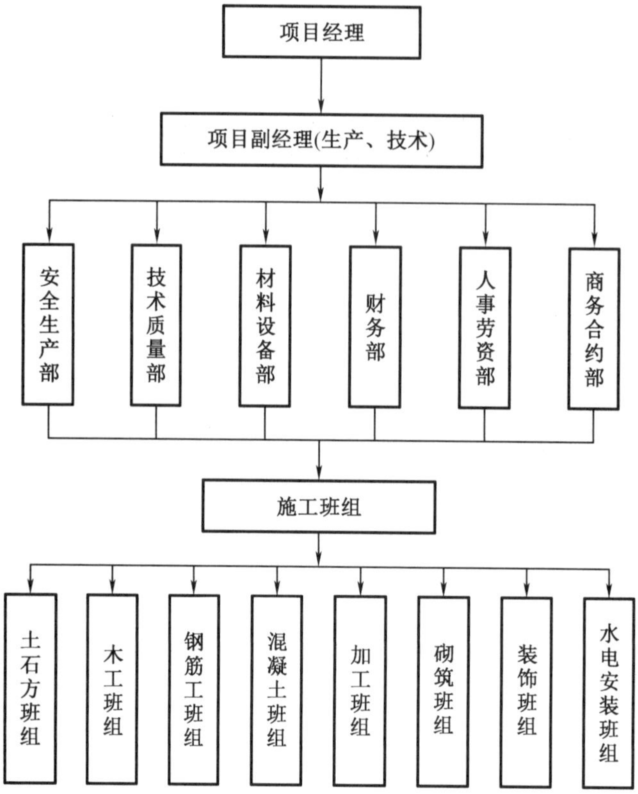


图 3-1-1　项目组织机构

## 二、项目岗位职责

### (一)公司总经理岗位职责

(1)负责制定项目部的有关制度。

(2)负责项目部的经营工作。

(3)负责检查督促项目部各部门及各施工项目经理的工作。

(4)协助项目经理搞好项目施工组织设计及项目策划书的编制。

(5)协助项目经理办理施工项目的商务工作。

### (二)公司副经理岗位职责

(1)负责项目部的日常管理工作。

(2)负责项目部内部各部门工作的检查、督促工作,每周主持召开一次办公会。

(3)负责项目部各施工项目的生产管理工作,每月主持召开一次生产例会。

(4)协助材料部门做好施工项目的物资供应工作。

(5)参与新开工程的前期策划、施工组织设计审核等工作。

(6)参与新开工程人员的安排、调度等工作。

(7)负责项目部财务、税务、收款等相关事宜。

(8)负责工程后期保修工作的落实。

(9)审核各施工项目的成本工作。

(10)负责审核要求各劳务队伍的结算、预借工作。

(11)负责督促各施工项目每周生产例会的召开,并收集各项目的生产例会会议纪要,对各项目存在的问题协助项目经理提出解决方案。

(12)督促各施工项目总进度计划、月计划、周计划。掌握各施工项目每周生产进度情况,以周计划促进月计划的完成,进而保证施工总进度按计划完成。

### (三)安全生产部岗位职责

(1)认真贯彻、执行、宣传国家安全生产的各项方针、政策、法律、法规和企业关于安全生产的各项规章制度。

(2)负责管理项目部各环境职业健康安全管理体系的运行,拟定年度环境健康安全目标,并分解目标到各项目,对各项目确保目标展开的工作进行监督评价与考核。

(3)负责组织识别各项目在生产过程中危险源的识别与判断,协助项目识别各个时期段的重大危险源,督促项目编制对重大危险源的控制方案,明确控制措施和责任人。

(4)负责项目部年度安全工作的总结和安全工作计划,负责项目各项安全责任制的建立实施与完善工作。

(5)负责组织实施项目的安全月检工作,对施工现场存在的安全隐患督促整改。对工人违章及时纠正,并形成检查的书面报告,不定期地巡查项目的安全动态。

(6)参与工程施工组织方案的编制,审查分部门项工程中关于安全生产保护措施。

(7)负责新开项目的文明施工整体策划和实施工作,督促项目创建市级文明工地。

(8)协助、指导、督促安全员做好安全巡查和建好安全台账工作,协助项目做好危险源的识别和控制措施,特别是重大危险源的识别与公示和措施及责任人的落实工作。

(9)督促项目做好安全技术交底工作和对农民工的“三级”教育工作。

(10)督促项目做好职工的劳动保护工作,发放劳动保护用品,落实劳动保护措施。

(11)参与项目的工伤事故和职业病的调查与处理,对事故应按“四不放过”原则进行处理,并报告项目总部。

(12)组织各项目安全员对各施工项目的月检,并形成检查报告,每月月检后召开安全生产工作会议对月检情况及安全生产重点情况进行通报。

(13)及时了解和掌握各施工项目每天的安全生产情况,掌握各施工项目每天生产中安全隐患的排查情况。

(14)完成领导交办的其他工作。

### (四)材料设备部岗位职责

(1)负责整个项目部的材料管理工作制度(验收制度:2人同时验收,水泥分2间房堆码等;抽查制度:配砖、砼等定期定车数;仪器的管理:领、借制度;按样品收料制度。)的运行监督。

(2)负责材料、设备合同的签订管理及审批。

(3)负责所有材料、设备的价格控制及审核。

(4)负责废旧材料及设备的处理。(按公司表格)由材料主管负责审批。

(5)负责对现场材料人员及库房检查的督促。

(6)每月材料员及库房保管员例行会议一次,每月大宗材料报价一次(分工地按公司表格)。

(7)材的账务及每月的结算清单结账及周材月报表。

(8)合同流程过材料设备部审批。

(9)零星材料采购计划的审批。

## (五)人事劳资部岗位职责

(1)负责各工程项目的劳务合同的签订。合同初稿起草、送审、修改、定稿、签订、盖章、收集归档。

(2)负责各工程项目的每月劳务方单。当月 25 日前按时开出、各负责人审核意见、流程录入后的各负责人审核,在次月 3 日前完善所有手续交财务。

(3)负责每月工程各项目职工考勤表的收集、编制工资表、工资表送签、交财务备发。

(4)检查并督促每月工程各项目劳务工人的工资发放情况,检查民工工资发放表,过程监督、手续检查。

(5)负责对项目管理人员进行考勤,考评,并收集管理人员考勤表,编制工资表。

(6)检查并督促对劳务公司劳务工人的个人劳动合同以及计件班长的计件协议。

(7)检查并督促劳务公司对劳务工人的教育情况、资料收集情况。入场教育、三级安全教育或其他教育,劳务公司资料台账。

(8)每个单项单位工程完工后 7 个工作日内(特殊情况不超过 15 个工作日)编制该单位工程的结算,结算签字审核完毕后存档交财务。

(9)项目部其他工作。

(10)办理公司人事劳资事宜。

(11)项目部及各工程项目电脑、打印机、复印件、网络的维护,保证设备正常工作。

## (六)商务合约部经理岗位职责

(1)负责项目部所有工程的商务工作、预算工作、合约工作。

(2)协助项目经理做好合约谈判、商务经营工作。

(3)指导、督促项目预算人员的工作。

(4)检查、指导现场商务资料、预结算资料、签证资料的收集整理工作。

(5)对各分包单位合同、材料供应合同价格进行审核。

(6)对劳务合同进行价格审核。

(7)对劳务方单、分包单位工程量进行审核。

(8)对各种劳务结算、分包单位结算进行量、价审核。

### (七)劳务员工作岗位职责

(1)参与各现场各大工种入场前劳动纪律、政策法规、安全生产的重大意义、本企业安全生产形势、本企业过去发生过的事故及应吸取的教训、安全生产规章制度的三级教育。

(2)下发各种教育资料、收身份证复印件、对民工年龄身体状况、工作技能的初审、建立各种基本情况完整的员工花名册。

(3)建立三级教育登记表及员工三级教育名册。

(4)按照民工身份证复印件如实签订用工协议(劳动合同书)。

(5)督促收集各班组如实提供员工工资表。

(6)为施工现场及时提供有效的企业资质。

(7)及时督促建筑公司与劳务公司签订分包合同,劳务公司与劳务作业队签订分包协议并归档。

(8)协助督促劳务管理人员持证上岗并督促各班组签订安全责任书。

(9)及时办理项目部的工伤处理工作。

(10)积极完成领导交给的其他各项工作。

### (八)项目经理岗位职责

(1)受公司法人委托,全面负责履行承包方与发包方签订的工程承包合同,对工程全权负责。

(2)主持编制项目施工组织设计、项目实施策划书,并监督贯彻实施。

(3)贯彻执行国家和地方政府的各种法律、法规、操作规程和企业各种规章制度。

(4)监督、检查项目各管理人员的工作,保证各种制度的正常运行。

(5)检查督促现场的生产、安全、质量、文明施工情况,对工程质量和安全实行全员、全方位、全过程的管理监控,随时处于受控状态。

(6)协调好业主、监理、政府部门、分包单位的关系,保证工程的正常顺利地施工。

(7)重点转好商务工作,控制工程成本,争取实现利润最大化及资金的及时回收。

### (九)项目生产经理岗位职责

(1)项目生产经理受项目经理委托,是项目施工现场全面生产管理工作的组织和指挥者。协调工序衔接,作业班组的配合,解决施工现场的各种实际问题,维护正常的施工秩序。

(2)负责组织贯彻实施项目施工组织设计及各项既定方针目标。

(3)直接负责项目的生产组织、安全生产、文明施工、施工机械设备使用,现场材料管理等各项工作。

(4)直接负责生产计划的编制,包括总计划、年度计划、月计划、周计划。

(5)考核分包单位对月计划、周计划的贯彻实施情况。

(6)主持召开生产例会,形成每天现场的生产、质量、文明施工汇报材料,并上报项目部。

(7)参加业主、监理、总承包召开的各种工程例会。

(8)协调解决业主、监理在工程实施过程中提出和反映的问题与矛盾,达到统一指挥,协调配合好业主、监理的工程指令。

### (十)项目技术负责人岗位职责

(1)负责项目部全面技术管理工作及施工质量监控工作,为施工生产和安全管理提供技术指导。组织贯彻执行国家技术政策、法规和合同规定的技术标准、规范、规程及有关工作制度。

(2)组织参与图纸自审、会审,并做好相关会审记录。

(3)在项目经理指导下负责编制施工组织设计,质量计划创优规划和有关文件的实施办法。编制特殊过程、关键工序的施工方案和作业指导书。并及时提出生产计划和各类材料需用计划。

(4)负责组织向本项目经理部管理人员,分包单位负责人进行施工图纸、施工组织设计及各项专项施工方案的施工技术交底,负责组织各种安全文明施工管理措施,质量管理措施的交底工作。

(5)负责同业主、监理和设计等有关方面的技术洽谈和沟通,办理设计变更、技术核定、材料代用和现场签证。

(6)分管并指导内业资料员进行档案资料的收集、整理、管理工作。

### (十一)施工员岗位职责

(1)负责工程的安全、质量、文明施工、施工进度的实施管理工作。

(2)熟悉图纸、规范、规程、施工组织设计、专项方案、各种管理办法,并向劳务作业人员安全技术交底。

(3)每天对工程安全生产情况、安全隐患、安全违章行为、文明施工情况进行检查,并形成安全检查记录交项目经理签字完善后交内业部门存档。

(4)每天对分部分项工程的各施工工序进行检查,并确保上道工序不合格不得进入下道工序施工,对检查工作形成检查记录交项目经理签字完善后交内业部门存档。

(5)每天对分包单位或班组的进度情况进行检查,落实是否按计划完成当天的施工任务。并安排落实分包单位或班组第二天的施工任务,形成进度情况检查表交内业部门存档。

(6)协调分包单位与各部门之间的关系,确保工程施工任务处于正常的受控状态。

(7)安全、质量、进度、文明施工的各种检查资料应于当天向生产经理或技术负责人或项目经理进行汇报,并完善签字手续。

### (十二)质量检查员岗位职责

(1)认真贯彻执行国家、行业及上级部门有关质量方针、政策、法规、规范及规程的技术标准。按设计文件、施工合同、质量验收标准的要求认真做好施工质量过程检查。

(2)及时掌握工程施工进度,与技术负责人一起制定各种质量预防措施。

(3)监督各施工员对施工质量的管控情况,并对每天的质量检查记录进行复核并签字。

(4)统一编制、填写有关质量表格。

### (十三)安全检查员岗位职责

(1)在项目经理的领导下,开展安全生产工作贯彻执行国家有关安全规章制度和企业的安全管理制度。

(2)检查督促施工员的安全管理工作以及安全技术交底工作。

(3)协助施工员发现施工过程中的安全隐患,并制度相应的预防措施。随时检查施工现场的安全情况,并将每天的安全生产情况填写好安全生产日志,报生产经理或项目经理审批。

(4)协助技术负责人编制各种安全措施方案。

(5)做好每天的安全巡检日记,并及时地交生产经理或项目经理签字。及时向项目部安全负责人汇报每天本项目施工生产过程中安全隐患排查情况。

### (十四)材料员岗位职责

(1)在项目负责人的领导下,负责项目材料部的管理工作。

(2)了解掌握施工过程和形象进度。掌握所需要的主要材料的品名、规格、数量、配合施工部的编制施工材料计划,确保施工现场的材料供应。

(3)参加本项目生产计划会议,分析考核物资工作的经济指标,并提出改进意见。搞好经济分析以及各施工点、段材料消耗的节、超情况。向项目经理及施工负责人提供分析材料及技术内业资料。

(4)配合现场库管员负责材料到场计量收量工作。

(5)搞好对内、对外、建立台账(租赁台账)。

(6)材料员应对所采购的材料质量负责,并对其进场的劣质材料产生的后果负全部责任。

(7)材料员要随时掌握各种材料的市场动态,采购材料应货比三家、价比三家。购回的材料应价廉物美,购材料应有税务发票、票据上应有主管领导或项目经理、材料员及保库员签字,方能报销。

(8)采购需按材料计划单、在规定的范围时间内及时采购、租赁材料。

(9)积极督促、检查收材料员、库管员、门卫三人的材料进场收料工作内容的执行情况。

(10)根据材料计划保障施工过程中各种材料的及时供应。

(11)零星材料的采购应进行比值、比价工作。

(12)做好材料进场验收工作。

(13)按照文明施工要求做好现场材料的分类堆码、标识、整理工作。

(14)做好现场材料使用的管控,检查现场的材料浪费情况,做到最大限度地节约材料。

(15)做好材料进场、验收等各种记录,确保账务清晰。

(16)做好各种材料技术资料的收集,并及时向有关部门移交。

## (十五)库管员岗位职责

(1)物资在入库前由库房管理人员依据清单上的名称,数量进行核对、清点、检查质量合格后,方能入库。

(2)对入库物资核对后、清点、库管员填写库单,经主管、项目经理签字后、库管员、财务员一联做账,采购人员持一联清单报销凭证。

(3)物资保管、物资入库后,需按不同类别、性别和用途分类、分区堆码、放,做到“二齐、三清、四定位”:

①二齐,物资摆放整齐、库房干净整齐;

②三清,材料清、数量清、规格标识清;

③四定位,按区、按排、按架、按位定位。

(4)物资的领发。

①库房必须有工长的批条发放,否则库管人员有权拒绝发放;

②库房管理人员根据进货时间,必须遵守“先进先出”的原则;

③施工过程中的急件,库房无库存、库房管理应及时填写请购单,经部门主管批准后,交采购人员及时采购。

(5)任何人不办理领料手续不得以任何名义从库房现场拿走物资,领料人不得擅自在库房内货位、架上乱翻动。

(6)物资的调拨退库,及时办理退库单,并及时上下账。

(7)库房的账务必须做到账、卡、物相符。

(8)废材料收集及处理,库房应随时对现场的废材料心中有数,在处理废旧材料及时通知项目总部,是否能处理。

## (十六)试验员岗位职责

(1)根据相关规范要求负责工程材料、试件的取样、送样检验工作。

(2)按工程设计文件要求及施工规范规定,制定项目检验和试验计划,报技术负责人审批。

(3)建立试验工作台账,并如实填报。

(4)负责对实验器具进行送检和比对,负责张贴校准标志和封存标志。

## (十七)资料员岗位职责

(1)贯彻质量方针和目标,监督质量保障体系的运行。

(2)按城建档案管理规定、质量评价体系标准、诚信评价体系标准及相关部门的要求负责对图纸、竣工资料、技术资料的收集、整理、归档、保管工作。

(3)负责做好各种资料的收发、登记、传递工作。

## (十八)预算员岗位职责

(1)负责编制工程的施工图预算及人材机分析。

(2)负责编制工程材料总计划及月计划。

(3)负责编制每月工程进度预算及与业主的审核工作。

(4)配合现场材料主管材料的核价工作。

(5)协助财务进行成本核算。

(6)根据现场设计变更和签证及时调整预算。

(7)对各劳务分包的工作内容及时提供预算价格,作为公司分包价格的依据。

(8)参加图纸会审和技术交底,配合项目做好竣工图的编制工作。

(9)配合现场收方及签证资料的整理工作。

(10)建好单位工程预、结算及进度报表台账,建好现场经济资料台账。

(11)全面掌握施工合同条款,深入现场了解施工情况,为决算工作打好基础。

(12)工程竣工验收后,及时完成工程决算资料的归档,按合同要求及时向业主送交结算书,全面负责结算审计工作。

### (十九)机管员岗位职责

(1)认真执行机械设备管理规定。

(2)负责机械设备的供应保障。

(3)对机械设备进行日常检查、保养、维护,并填写检查记录。

(4)督促机械操作工填写机械运作记录。

(5)做好每天的巡检日记并交项目经理或生产经理签字。

### (二十)劳务队伍的职责

(1)劳务队伍的责权利应用分包合同的方式予以明确。

(2)劳务队伍应按合同约定的质量标准,安全文明施工要求,进度要求完成施工任务。

(3)应根据工程进度需要组织好劳动力,组织好材料设备,确保工程按计划进行。

(4)应根据工程进度需要及时提出各种材料需求计划。

(5)应对劳务作业人员做好三级教育工作。做好安全、质量、技术交底工作。

(6)要求工人应该严格按照各种交底及有关规定进行施工作业。

(7)劳务队伍应要求工人服从现场施工员、安全员、质量员等管理人员的管理。

(8)劳务队伍应管理好自身的作业工人,并按内部要求做到有序管理。

(9)劳务队伍应做好职工花名册、工资发放表等相关表格的编制和填报工作,并应及时地发放劳务工资,做到签名存册。

(10)与项目部、监理等协调好各种关系,保证工程正常顺利进行。

(11)劳务队伍带班人员与项目施工员施放工程主控线,其他的放线工作由劳务班组负责施放,班组放线完成后报项目施工员复核。

## 【学习产出】

1. 讨论项目组织机构在项目实施过程中的作用。

2. 结合自己所在公司绘制企业组织架构(可参考图 3-1-2,亦可自己设计)。

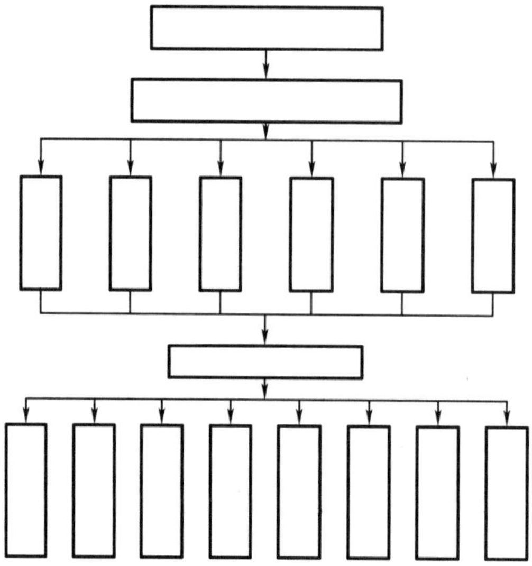

图 3-1-2　企业组织架构图

# 任务二　项目质量与技术管理

## 【教学目标】

知识:掌握工程项目质量管理的基本流程;掌握工程项目技术管理的基本流程。
技能:具备编制实习岗位技术交底能力。
态度:培养科学严谨的工作态度。

## 【相关课点】

项目质量规划;
工程技术方案选择与评估;
质量控制与改进。

## 【建议学时】

1周。

## 【教学方法】

1. 一线工人师傅演示、讲解;
2. 指导教师现场指导。

## 【前置任务】

1. 复习项目管理的基础知识,查阅工程项目中项目质量管理的反面案例,总结教训;
2. 通过小组团队预习工程技术评价的基本方法。

## 一、项目质量管理

### (一)每周周检及生产例会

项目经理每周组织施工管理人员对本施工区域的各施工工序进行检查,并召开生产例会,除布置生产任务之外,对质量控制应进行总结,指出施工中存在的质量问题定人、定责、定时进行整改。质量例会,并要形成会议纪要,在召开下周例会时逐项检查执行情况。对执行不力者要提出警告,对班组或者责任人予以一定的经济惩罚,并再次限期整改,拒不整改的项目经理清退出场。

### (二)质量月检

每月由项目部对各施工单位进行工程进行实体质量检查,对检查出的质量问题进行通报,并对需整改的部位应明确限期、定人整改,整改完成后施工项目通知项目部进行复查,在检查中发现的重大质量问题应通报项目编制专项整改措施,并在下次月检中逐项检查是否彻底整改。

### (三)工程质量样板引路

对于各施工工序严格执行样板引路制度,每个分项工程或工种特别是量大而面广的分项工程,都要在开始大面积操作前做出示范样板,包括示范样板墙、样板间、样板间等,统一操作要求,并明确质量目标。

### (四)工程检查验收

隐蔽工程施工过程中及完成后,应由技术负责人、施工员会同质检员、班组长进行检查验收。对于隐蔽工程未进行验收前,以及在验收中发现有不符合设计及规范要求,不得进入下道工序,若有违反验收制度,造成损失时应追究其责任,并给予一定的经济惩罚。隐蔽检查过程形成验收资料,由项目部资料员保管,竣工后整理成册,纳入工程施工单位存档资料。

### (五)工程质量奖惩

(1)在施工过程中未严格执行规范规程标准、交底内容的应予以班组一定的经济处罚。

(2)未能有效地控制和避免质量事故发生,或在发生质量事故后,不积极采取整改补救措施的班组和个人予以一定的经济处罚。

(3)在质量检查中,对提出的质量问题和开出的“整改通知单”,未能及时有效地进行整改,或拒不执行的班组和个人予以一定的经济处罚。

## 二、项目技术管理

### (一)技术部门的施工图会审及设计交底

施工图下发后由技术负责人负责组织、施工员、质量员熟悉、审核图纸,对发现的问题进行归纳汇总,并书面提交业主、监理、设计单位,准备好组织图纸设计交底会;在图纸会审中,提出意见和疑问,对于会审意见完善好会议记录,并交参会单位签字盖章。

### (二)施工方案编制

工程开工前,根据设计图纸及工程实际情况编制施工方案编制台账,落实本项目的所需施工方案进行列表登记(表 3-2-1),并形成方案台账,落实本工程方案编制完成时间。会同项目经理、生产经理、预算人员、劳务班组共同编制,编制完成后对各施工管理人员、劳务代班人员进行交底。

表 3-2-1　施工方案列表

| 序号 | 名称 | 责任部门 | 完成时间 |
|---|---|---|---|
| 1 | 施工组织设计 | 项目技术部 | |
| 2 | 安全文明施工方案(包括临建) | 项目技术部 | |
| 3 | 临水、临电施工方案 | 项目技术部 | |
| 4 | 塔吊基础施工方案 | 专业分包单位 | |
| 5 | 基础施工方案 | 项目技术部 | |
| 6 | 塔吊方案 | 专业厂家单位 | |
| 7 | 脚手架方案 | 项目技术部 | |
| 8 | 外用施工电梯基础施工方案 | 项目技术部 | |
| 序号 | 名称 | 责任部门 | 完成时间 |
| 9 | 外用施工电梯安装方案 | 专业厂家 | |
| 10 | 主体结构施工方案 | 项目技术部 | |
| 11 | 砌体施工方案 | 项目技术部 | |
| 12 | 屋面工程施工方案 | 项目技术部 | |
| 13 | 防水工程施工方案 | 项目技术部 | |
| 14 | 室内装修工程施工方案 | 项目技术部 | |
| 15 | 其他 | 项目技术部 | |

### (三)施工技术交底

各分项工程开工前,应组织施工员、质量员进行施工技术质量交底,以设计图纸、施工方案、工艺规程和建筑工程施工质量验收规范为依据,编制技术、质量、安全交底资料,交底应突出重点,并具有可操作性。交底资料应完善签字,并交内业档案留存,作为施工单位存档资料。

### (四)施工检测

在工程开工前,编制本工程的试验检测台账,逐一列出本工程需要进行的原材料、混凝土等检测试验项目,形成台账,在工程施工过程中,根据施工进度组织进行原材料和其他进行检测试验,对工程基础和主体等结构工程组织实体检测。

## 【学习产出】

1. 探讨质量管理、技术管理的核心步骤。
2. 结合自己的岗位编制一部分项工程施工方案(可参考模板)。

《XXX 施工方案》

一、工程概述

工程名称：

工程地点：

工程规模：

二、编制依据(相关法律法规和标准规范、设计图纸及技术文件、工程合同及招标文件等。)

三、施工准备(技术准备、现场准备等)

四、施工部署(施工组织机构、施工任务划分、施工顺序等)

五、主要施工方法

六、施工进度计划(进度计划图表等)

七、质量保证措施

八、安全保证措施

九、环境保护措施

十、季节性施工措施

十一、应急预案

# 任务三　项目生产计划管理

## 【教学目标】

知识:掌握工程项目计划管理的基本流程。
技能:能够编制项目生产计划。
态度:培养学生的科学研究意识。

## 【相关课点】

工程进度计划的编制;
工程进度计划的执行与监控;
工程进度计划的调整与优化。

## 【建议学时】

1 周。

## 【教学方法】

1. 一线工人师傅演示、讲解;
2. 指导教师现场指导。

## 【前置任务】

1. 收集一个工程项目的简单案例,尝试分析其中可能影响生产计划编制的因素有哪些;

2. 通过小组团队思考可以采取哪些方法来调整和优化生产计划,列出至少三种方法并简要说明理由。

为保证项目的顺利实施,制定项目生产计划管理办法如下:

(1)项目生产进度计划以项目经理为第一责任人,劳务公司为责任主体单位,项目技术负责人、施工技术员、劳务班长以及有关职能人员参与的管理模式。

(2)每个工程都必须编制有关进度计划,用计划指导施工;项目进度计划由总进度计划、月进度计划、周进度计划组成,总进度计划指导月进度计划编制,月进度计划指导周进度计划编制,相反,用周进度计划的完成来保证月进度计划的完成,月进度计划的完成来保证项目总计划的完成。

(3)每个工程开工前,由项目经理主持,生产副经理、技术负责人、施工技术员、劳务公司负责人参加,共同研究制订总进度计划,最后由技术负责人负责编制,项目经理、生产副经理、劳务公司负责人签字认可,并报项目总部批准实施。

(4)施工过程中必须编制月进度计划和周进度计划,月进度计划和周进度计划由项目经理(或生产副经理)、技术负责人、劳务公司负责人共同研究制订,生产经理负责编制,生产副经理、劳务公司负责人共同签订,项目经理批准,月进度计划和周进度计划每周星期天报送到项目部。

(5)对因项目有关职能部门因工作服务不到位造成进度延误的,项目经理根据具体情况进行处罚,项目总部有关人员影响的由项目总部根据具体情况进行处罚。

注:对进度计划一定要对材料、设备、劳动力等资源进行说明,对工程准备工作也应进行计划编制。

## 【学习产出】

1. 探讨质量管理、技术管理的核心步骤。

2. 结合自己的岗位编制一部分项目工程施工进度横道图(可参考图 3-3-1)。

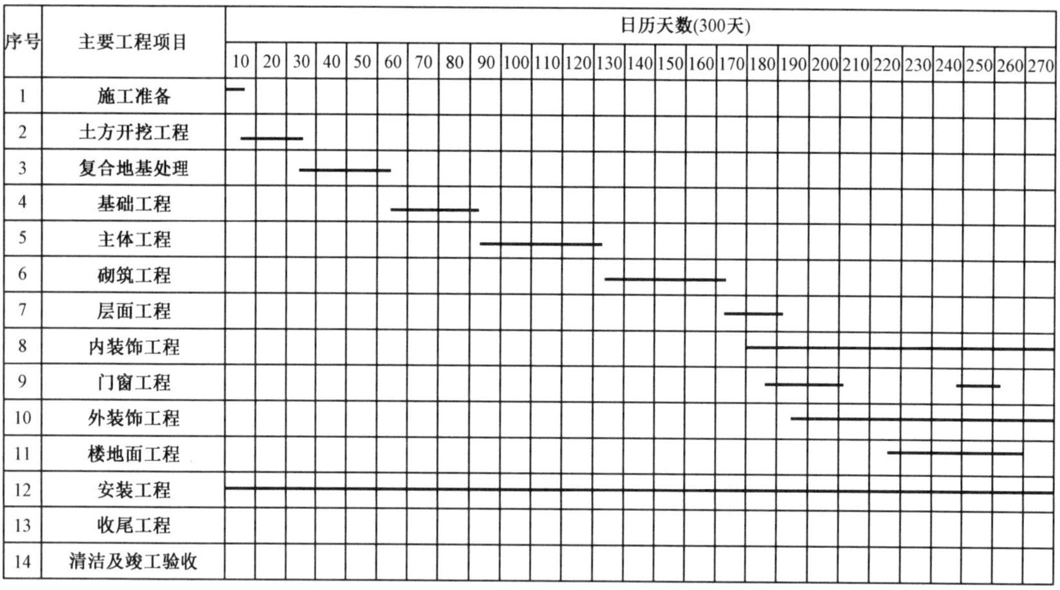


**图 3-3-1 工程施工进度横道图**

# 任务四　材 料 管 理

## 【教学目标】

知识：掌握材料管理的要素及基本流程；掌握建筑材料存储注意事项。
技能：具有编制所及岗位材料管理制度的能力。
态度：培养认真严谨的工作作风。

## 【相关课点】

材料采购管理；
材料库存管理；
材料现场管理。

## 【建议学时】

1 周。

## 【教学方法】

1. 一线工人师傅演示、讲解；
2. 指导教师现场指导。

## 【前置任务】

1. 了解三种不同的材料采购方式，并分析各自的优缺点和适用场景；

2. 通过小组团队分工合作，查找一个正在进行施工的小型建筑工地或者装修现场，记录材料现场的布置情况和存储方式，分析其合理性与不足之处。

材料管理是建筑工程管理重要组成部分。

（1）库房是公司物资供应体系的重要组成部分，是公司各种物资周围储备的环节，同时担负着物资管理的多项业务职能，其主要任务是：保管好库存物资，做好数量准确、质量完好、确保安全、收发迅速、面向生产、服务周到、降低费用、加速资金周转。

（2）物资入库，必须分点堆放。库管员要亲自同交货人办理交接手续，核对庆典物资名称、数量是否一致，并做好物资交接手续、签字确认。同时应请保卫人员共同验收签字确认。

（3）物资入库，应先人待检区，经检验未合格，不准进入货位，更不准投入生产使用。材料负责人要按时地抽查、核对数量。

(4)材料验收合格后,库管员应填写材料验收单并附送货单交财务入账。材料验收单应写明送货单位的全称,并且送货单库管员和保卫人员必须共同签字确认,验收单必须是库管员和材料员共同签字确认。

(5)不合格产品,应隔堆放,严禁投入生产。如工作马虎,混入生成,库管员应负责任。

(6)验收发现问题,应及时通知上级和经办人处理。送货单到而货未到,或者货已到而没票据,均应向经办人反映查询。

(7)物资的存储管理,原则上以物资的属性、特点和用途规划设置存储区域,凡是吞吐量大的落地堆放,周转小的用货架存放;落地堆放以分类和规格的次序排列编号,上架的以分类定位编号。

(8)物资堆放的原则是:在堆垛合理、安全可靠的前提下,推行五五堆放法,根据货物特点,做到过目见数,检点方便,成行成列,堆放整齐。

(9)库房库管员对库存、代保管。代验材料,以及设备。容器和工具等负有经济责任和法律责任。因此做到人各有责、物各有主、事事有人管。库房物资若有损失、贬值、报废、盘盈、盘亏等,库管员应及时报告材料主管,分析原因。查明责任,按规定办理报批手续。未经批准一律不准擅自处理。库管员不得采取"盈时多送,亏时克扣"的违纪做法。

(10)保管物资要根据自然属性,考虑储存的场所和保管常识加以处理,加强保管制度,同类物资堆放,要考虑先进先出,发出方便,留有余地。

(11)保管物资,未经主管同意,一律不准擅自借出;特殊情况经主管批准,借出的东西必须有借条,同时应进行登记。对借到现场的物资,库管人员必须开出门条,并经项目经理签字,出门条应交保卫人员处存放。

(12)库房要严格保卫制度,严禁非本库房人员擅自入库。库房严禁烟火和明火作业。库房库管员要懂得使用消防器材,掌握必要的防火知识。

(13)按"推陈出新,先进先出、按规定供应、节约用料"的原则发料。发料坚持"一盘点,二核对、三发料、四减数"的原则。对贪图方便,违反发料原则造成物资失效、霉变、大材小用、优材劣用以及差错等损失,库管员要负经济责任。

(14)现场所有材料领用,必须填写领料单(一式两份),财务和库房各一份。领料单要填明材料名称、规格、领料数量、型号、用途、使用部位,经库房,工长和领料人签字。属规定审批的材料应有审批人签字。已超供的领料人未办理相关手续,不得发料。

(15)报废材料的处理,所有报废材料,应通知项目总部进行处理。如何处理,由项目总部决定,现场无权利处理任何物资。

(16)对于专项申请的材料,除计划采购员用作备用的数量以外,均应由申请部门申请领用。常备用材,凡属于可以分割拆零的,本着节约的原则,都应拆零供应,不准一次性发料。此外,所有的材料采购,必须有项目经理签字的材料采购计划,若无材料采购计划进行采购的,财务人员将不予报销,采购物资前应先查询是否有需要的库存物资。

(17)所有发料凭证,库管员应妥善保管,不得丢失。

(18)记账要字迹清晰,日清月结不积压,验收、月报要及时。

(19)允许范围内的磅差、合理的自然损耗引起的盘硬盘可,每月都要上报,做到账、卡、物、资金"四一致"。

(20)库管员调动工作,一定要办理交接手续,移交中的未了事宜及有关凭证,要列出清单三份,写明情况,双方签字,材料主管见证,双方各执一份,部门存档一份,事后发生纠纷,仍由原移交人负责。对失职造成的亏损,除照价赔偿以外,还要给予纪律处分。

(21)其他注意事项:

①所有进出场材料,必须填写进出场记录。

②每月应编制材料收发结存汇总表。

③对商品砼,浇筑一次,汇总一次,并和预算量对比一次,对比数量后交项目经理。

④对周材管理,应加强数量控制,每月对账,项目间严格分开,及时归还。

⑤对有甲供材料的项目,应单独编制甲供材料月汇总表。

## 【学习产出】

1. 深度思考材料管理在建筑工程管理的意义。

2. 结合自己的岗位,调查所及岗位的材料采购、出入库情况(可直接填入下表,亦可根据实际情况自行绘制填写)。

### 一、工程材料采购计划表

工程材料采购计划表见表 3-4-1。

**表 3-4-1　工程材料采购计划表**

| 材料名称 | 规格型号 | 单位 | 数量 | 预计单价 | 总价 | 供应商 | 备注 |
|---|---|---|---|---|---|---|---|
| | | | | | | | |
| | | | | | | | |

### 二、工程材料出入库登记表

工程材料出入库登记表见表 3-4-2。

**表 3-4-2　工程材料出入库登记表**

| 材料名称 | 规格型号 | 数量 | 出/入库时间 | 验收人 | 存放位置 | 备注 |
|---|---|---|---|---|---|---|
| | | | | | | |
| | | | | | | |

# 任务五　项目机械设备管理

## 【教学目标】

知识：掌握机械设备管理的核心要素；掌握机械设备管理基本流程及范围。
技能：具有解读所机械设备性能的能力。
态度：培养科学严谨的工作态度。

## 【相关课点】

机械设备的选型与配置；
机械设备的安全管理事项。

## 【建议学时】

1 周。

## 【教学方法】

1. 一线工人师傅演示、讲解；
2. 指导教师现场指导。

## 【前置任务】

1. 了解三种不同类型的工程机械设备，分别列出它们的主要特点、适用范围和选型考虑因素；

2. 通过小组团队分工合作，列举常见工程机械设备的安全操作规程要点。

## 一、电工管理

（1）电工人员必须持证上岗。严格按照 JGJ46—2005《施工现场临时用电规范》操作，对工作有敬业精神，能吃苦耐劳，住现场。上岗前必须穿戴好工作防护用品，高空作业时，必须系好安全带。

（2）检查电器设备时，必须参照其他有关技术规程，如不了解该设备，不允许私自操作。

（3）当有高于人体安全电压存在时，严禁带电作业。

（4）电器检查、维修作业及危险工作严禁单独作业。

（5）在不确定电线是否带电的情况下，严禁用老虎钳或其他工具同时切断两根及以上电线。

（6）严禁带电移动高于人体安全电压的装备。

(7)严禁手持高于人体安全电压的照明装备。

(8)潮湿环境或金属箱体内照明必须用行灯变压器,且不准高于人体安全电压 36 V。

(9)每个电工必须熟练掌握触电急救方法,有人触电应立即切断电源按触电急救方法实施急救。

(10)配电室除电工人员值班以外,其他人员严禁入内。值班人员有权责令其离开配电室,以防止发生事故。

(11)工作中所有拆除的电线要处理好,不立即使用的暴露线头要包好,以防发生触电。

(12)严禁拆开电器装备的外壳,带电操作。

(13)施工现场用高低压电,以及线路应按施工设计及有关电器安全技术规定装配和架设。

(14)正确操作消防器材,电器着火应立即关闭电源开关,然后视设备及着火大小用干粉、二氧化碳等灭火器或干沙灭火,严禁用泡沫灭火器。

(15)电器设备烧毁时,需检查好原因再更换,以防再次发生事故。

(16)装配或替代电器设备必须选用合适负荷规定开关。

(17)检查工作时,必须先停电验电,留人把守或挂警告牌。

(18)工作完成后,必须收好工具,清理工作区域,做好卫生。

(19)能操作焊接、切割工作。维修和保养施工现场小型机械和机具、搅拌机、打夯机、灰盆、料斗等。

(20)上班时间不准饮酒。服从项目工作安排,遵守项目规章制度。

(21)服从项目规定的作息时间,发现问题和隐患及时排除(不分早晚)。晚上工人加班,必须巡查和值班。电工在履行巡视检查时,把每天巡查和维修情况记录于手册中。

## 二、塔吊管理

(1)塔吊人员必须持证上岗,严禁无证操作。

(2)指挥人员必须熟悉起重机的基本性能,向起重司机及挂钩人员进行信号操作约定。必须了解吊运物件重量、堆放位置、其他固定物的连接和掩埋情况等,确定吊点、吊装方法的具体事宜。

(3)指挥人员在吊运物件时,必须检查容器、锁具等是否符合要求,发现吊具变形,扭曲、开焊、裂缝等情况必须及时处理,否则停止使用。

(4)司机和指挥人员上班必须集中精力,按照《塔机安全操作规程》规定要求操作,时刻注意塔吊运转、吊物情况。指挥人员应当站在能清楚地看到吊物起、运转、就位的全过程位置。

(5)指挥人员应当站立在有利于保护自身安全,又能正常指挥作业的有效位置。吊物起吊 30~50 cm 时,应当停钩检查待妥当,再行吊运。

(6)吊运中若突然停电或者机械事故,重物不准长时间悬挂高空,应想办法将重物落放到稳妥的位置并垫好。

(7)吊运时,严禁超低空从人的头顶位置越过,要保证吊物与人的头顶最小安全距离不小于 2 m。

(8)两塔塔吊以上交叉作业时,指挥人员必须互相配合,注意两吊机间的最小安全距离,以防止两吊机相撞或吊物钩挂。

(9)严格遵守"十不吊"规程操作。

(10)严格遵守项目劳动纪律,服从项目管理,遵守项目规定的作息时间,每班作业人员必须24 h在现场做好本班工作,中途不得离岗。

(11)塔机操作工和指挥人员必须熟悉和了解建筑行业的各种塔机的性能和维护保养工作。操作工能够维修塔机的一般小故障。

(12)塔吊司机必须每天填写塔机运行维修保养和交接记录,做好每周的周检工作,对塔机的各连接和限位器、钢丝绳等仔细检查,填于周检表中。

(13)司机和指挥如有事请人代班,必须先向项目管理人员请示同意后,才允许代班。否则禁止代班。

## 三、施工电梯操作人员入场要求

(1)电梯司机每天必须佩戴安全帽,正确使用个人劳保防护用品。

(2)作业人员每天上岗前,应检查各部结构有无变形,连接螺栓有无松动,导向轮与导轨结合正常,运行通道上下范围内无障碍等。

(3)启动前,应检查电压是否正常,有无漏电,并试运行空载升降试验,确认各限位装置,梯笼、围护门等处的电器联锁装置良好可靠,电器仪表灵敏有效,测定各传动机构制动器的效能,确认正常后,方可作业。

(4)轿厢内每次限载12人、货物1.5 t,违者每次罚款50元。

(5)轿厢内乘人或载物时,应使荷载均匀分布;不得偏重,严禁超载运行。

(6)操作人员启动前应鸣笛示意,升降机未切断总电源开关前,操作人员不得离开操作岗位。

(7)当升降机运行中发现有异常情况时,应立即停机并采取有效措施将轿厢降到底层,排除故障后方可继续运行。在运行中发现电器失控时,应立即按下急停按钮,在未排除障碍前,不得打开急停按钮。

(8)升降机在大雨、大雾、六级以上大风及导轨架,电缆等结冰时,必须停止运行,并将梯笼降到底层,切断电源。暴风雨后,应对升降机各有关安全装置进行一次检查,确认正常后方可运行。

(9)升降机在运行到最上层或最下层时,严禁用行程限位开关作为停止的控制开关。

(10)当升降机在运行中由于断电或其他原因而中途停止时,可进行手动下降,将电动机尾端制动电磁铁手动石方拉手缓慢向外拉出,使梯笼缓慢的向下滑行。梯笼下滑时,不得超过额定运行速度,手动下降必须由专业维修人员进行操作。

(11)电梯司机每层停运后,必须把楼层的防护铁门关闭,如发现未关闭,一扇门每次罚款10元。

(12)作业后,应将梯笼降到底层,把各控制开关拨到零位,切断电源,锁好开关箱,锁好轿厢门和围护门。

(13)施工电梯人员必须持证上岗,严禁交给无证人员操作,违者罚款100~200元。操作人员必须懂得防坠器、急停开关,各限位器的使用状况。

(14)严格遵守项目劳动纪律,服从项目管理,遵守项目规定的作息时间。每班作业人员必须 24 h 在现场做好本班工作,中途不得离岗。

(15)司机如有事请人代班,必须先向项目管理人员请示同意后,才允许代班。否则禁止代班。

(16)操作人员必须每天上下班时,对机械运行做好运转记录。

## 四、强制搅拌机操作要求

(1)作业前,检查搅拌机的传动部分、工作装置、防护装置等是否牢靠、可靠,操作灵活,无异响。

(2)启动后,先经空转后,检查搅拌叶旋转方向正确后,方可边上料和加水进行搅拌作业。

(3)作业中,不得用手或木棒等伸进搅拌筒内或在筒口清理灰浆。

(4)作业中,如发生故障不能运转时,应切断电源,将拌筒内灰浆排出,进行检修,排除故障后方可使用。

(5)作业后,应做好搅拌机内外的清洗、保养及场地的清洁工作。切断电源、锁好箱门。

(6)每台强制搅拌机必须设置 1~2 名专人操作,其他人员禁止操作。

(7)搅拌机操作人员,必须按照项目作业交底要求,每天下班前对搅拌机进行维护保养,对钢丝绳和滑轮进行打油润滑,对连接部分松动进行紧固。发现不能解决问题及时向项目反映,使设备不“带病”运行。

## 【学习产出】

1. 深度思考机械设备管理在建筑工程管理的意义。

2. 结合自己的岗位解读所及机械设备性能(参考表 3-5-1 结合自身岗位自行绘制)。

**表 3-5-1　机械设备性能**

| 工程机械设备名称 | 主要功能 | 工作效率 | 操作难度 | 可靠性 | 维护成本 | 适用工程类型 |
|---|---|---|---|---|---|---|
| | | | | | | |
| | | | | | | |

# 任务六　项目劳资(分包)管理

## 【教学目标】

知识:掌握项目劳资(分包)管理目的;熟悉项目劳资(分包)管理细则。
技能:具有解读所及项目劳资管理的能力。
态度:培养岗位职责感。

## 【相关课点】

工程项目劳务分包合同管理;
工程项目劳务结算管理。

## 【建议学时】

1 周。

## 【教学方法】

1. 一线工人师傅演示、讲解;
2. 指导教师现场指导。

## 【前置任务】

1. 查阅相关法律法规,了解在工程项目中劳务分包合同应包含哪些基本条款;
2. 通过小组团队分工合作,思考在工程项目劳务结算过程中可能会出现哪些问题,并提出相应的预防措施。

我国工程项目建设管理体制发生了深刻的变化,市场也发生了很大的改变,为了适应市场和社会的客观需求,施工企业从管理入手,完善管理体系,在时代背景之下,通过分包手段可以使有限的项目资源实现最大限度的合理配置,更有利于创建节约型社会。

(1)工程开工劳务工人进场前必须事先签订劳务分包等有关合同。

(2)劳务合同由项目部劳资部门在征求各方意见后负责起草,由项目部劳资经理直接录入华帅系统,项目经理、材设经理、会计经理、项目部副总经理、总经理审核后,劳资经理打印出来由项目部副总经理和劳务单位负责人一起签订生效。

(3)劳务方单由各施工项目工长负责起草,劳务班组交质检员、安全员、项目经理审核签字完善后,由项目内页录入华帅软件系统走电子方单审核流程。

(4)所有方单、奖罚单审核完成后由项目部劳资经理在华帅软件系统中生成结算方单,电子结算方单经华帅电脑流程审核完成后，由劳资经理打印，劳资经理和劳务负责人在打印出来的审核完善的电子方单中签字完善后交财务入账（所有纸质方单、计时工申请单、奖罚单作为电子方单的附件一起存档）。

（5）所有合同内工作完成后应本工程每个劳务队伍前期开具的所有方单进行逐一清算，以防止劳务方单位出现多开或者少开的现象，并以此作为劳务队伍工程最终结算的依据。

（6）工程劳务结算由项目部劳资牵头会同财务、预算共同办理项目劳务结算，并完善和形成项目劳务结算书。劳务结算书经项目劳资经理、财务经理、预算经理、项目经理、项目部副总经理、项目总经理签字审核完善后生效。

## 【学习产出】

1. 思考项目为什么要劳资（分包）管理及其目的性。
2. 结合自己的岗位解读所及项目劳资（分包）管理的实质意义。

# 任务七　商务合约管理

## 【教学目标】

知识：掌握商务合约管理目的及意义；掌握工程合同的法律特征及特点。
技能：具有解读项目商务合约的能力。
态度：培养科学严谨的工作态度。

## 【相关课点】

工程合同与法律特征；
工程预算与经济资料管理成本控制与工程结算；
成本控制与工程结算。

## 【建议学时】

1 周。

## 【教学方法】

1. 一线工人师傅演示、讲解；
2. 指导教师现场指导。

## 【前置任务】

1. 思考在成本控制过程中，可能会遇到哪些挑战以及如何应对这些挑战。

2. 通过小组团队分工合作，分析一个实际的建筑工程合同案例，指出该合同中体现了哪些法律特征和建设工程合同的特殊之处。

## 一、工程合同

建筑工程合同，是指一方约定完成建设工程，另一方按约定验收工程并支付一定报酬的合同。前者称承包人，后者称发包人。建设工程合同包括工程勘察、设计、施工合同，属于承揽合同的特殊类型，因此，法律对建设工程合同没有特别规定的，适用法律对承揽合同的相关规定。

合同法所规定的合同，具有以下法律特征：

（1）合同由双方当事人的法律行为而引起。

（2）合同因双方当事人的意思表示一致而成立。

（3）合同的债权债务必须相互对立。

(4)合同的缔结有当事的自由意志支配。

建设工程合同作为承揽合同的特殊类型,除具有承揽合同的一般法律属性之外,还具有以下特点:

(1)建设合同中完成的工作构成不动产,通常涉及对土地利用的强制性规范的限制,当事人不得违反规定自行约定,而且施工的承包人必须是经国家认可的具有一定建设投资的法人。

(2)建设工程合同属于正式合同,应当以书面方式订立。

## 二、工程预算

(1)指导、督促项目预算员在收到正式施工图(蓝图或电子版)30天内,编制完成结构工程预算,包括以下四部分内容:基础分部(需现场收方的除外)、钢筋砼分部(含模板面积)、砌筑分部(含构造柱、过梁、压顶)、建筑面积。现场装修工作开始施工前预算员编制完成余下的预算工作。

(2)按合同要求时间及时送出工程预算,并挂上华帅软件。

## 三、经济资料

(1)审核工程预(结)算、竣工图,审核施工组织设计及专项施工方案中涉及经济部分的内容。

(2)在签证单、洽商单发出之前及时套好定额,发现问题及时纠正。

(3)预算员每周到施工现场检查及收集经济资料一次。

收集内容:①施工合同;②场地标高;③甲乙双方现场收方记录及后期形成的正式签证单;④工程设计变更单、洽商单及图纸会审纪要;⑤与结算工作有关的会议纪要;⑥施工组织设计及专项施工方案;⑦材料及综合单价核价单;⑧甲乙双方往来函件(或报告);⑨监理单位认可的每月完成形象进度;⑩与经济相关的其他资料。

整理要求:①按时间顺序分类逐份编码归档,并建立对应的经济台账;②工程竣工后交内业进行复印装订一式三份,随结算书送业主一份,留底两份。

(4)每月检查一次各项目经济资料和经济台账。

## 四、成本控制

(1)审核每月工程进度报量,并协助预算员与业主完成核对工作。

(2)审核每月劳务工程量。

(3)为工程成本分析提供各种预(结)算数据。

(4)协助项目经理做好单价测算工作。

## 五、工程结算

(1)预算员在基础收方记录完善后*天内,编制完成基础结算,经审核后送交业主。与业主正式核对*天内完成基础结算工作。

(2)预算员在主体结构验收后*天内,编制完成主体结构结算,经审核后送交业主。与业主正式核对＊天内完成主体结构结算工作。

(3)预算员在工程竣工验收后＊天内,编制完成主体建筑结算,经审核后送交业主。与业主正式核对＊天内完成主体建筑结算工作。

(4)积极与业主联系、接洽办理工程结算事宜。

(5)解决结算中甲乙双方出现的争议问题。

(6)对已办理完结算的工程做出各项经济指标分析。

## 【学习产出】

1.探讨工程合同管理及其必要性。

2.结合自己的岗位解读所及项目商务合约管理的维度。

# 附录 A

**表 A-1 ________号楼________层室内抹灰申请记录表**

申请时间：　　年　　月　　日

| 检查内容 | | | | | | | |
|---|---|---|---|---|---|---|---|
| 房间编号 | 墙面润湿 | 临边对拉螺杆堵洞 | 灰饼厚度 | 挂钢丝网的质量 | 后塞口 | 班组检查结果及意见 | 工长检查结果及意见（是否按要求两遍成，养护时间及次数） |
| | | | | | | | |
| | | | | | | | |
| | | | | | | | |
| | | | | | | | |
| | | | | | | | |
| | | | | | | | |
| | | | | | | | |
| | | | | | | | |
| | | | | | | | |
| | | | | | | | |
| | | | | | | | |
| | | | | | | | |
| | | | | | | | |
| | | | | | | | |

说明：1. 灰饼厚度应控制在 25 mm 以内；若超过 25 mm，则应进行处理。

2. 检查内容均用“√”或“×”表示。

3. 资料完善后，及时交技术部。

**表 A-2 ________层室内抹灰质量检查表**

| 序号 | 房间编号（轴线） | 平整度 | | | | 含杂质情况 | 裂纹及空鼓状况 | 累计面积 | 处理措施 | 备注 |
|---|---|---|---|---|---|---|---|---|---|---|
| | | | | | | | | | | |
| | | | | | | | | | | |
| | | | | | | | | | | |
| | | | | | | | | | | |
| | | | | | | | | | | |
| | | | | | | | | | | |
| | | | | | | | | | | |
| | | | | | | | | | | |
| | | | | | | | | | | |
| | | | | | | | | | | |
| | | | | | | | | | | |
| | | | | | | | | | | |
| | | | | | | | | | | |
| | | | | | | | | | | |
| | | | | | | | | | | |
| | | | | | | | | | | |
| | | | | | | | | | | |
| | | | | | | | | | | |
| | | | | | | | | | | |
| | | | | | | | | | | |
| | | | | | | | | | | |
| | | | | | | | | | | |
| | | | | | | | | | | |
| | | | | | | | | | | |
| | | | | | | | | | | |
| | | | | | | | | | | |
| | | | | | | | | | | |
| | | | | | | | | | | |
| | | | | | | | | | | |
| | | | | | | | | | | |
| | | | | | | | | | | |
| | | | | | | | | | | |

工长：　　　　质检：　　　　班组：　　　　年　　月　　日

**表 A-3　外墙抹灰申请记录表**

申请时间：　　年　　月　　日

| 部位 | 检查内容 | | | | | | |
| --- | --- | --- | --- | --- | --- | --- | --- |
| | 后塞口补灰<br>脚手眼洞堵洞 | 对拉杆堵洞 | 砼墙面清洗 | 灰饼厚度 | 挂钢丝网<br>质量 | 班级检查<br>结果及签字 | 工长检查<br>意见及签字 |
| | | | | | | | |
| | | | | | | | |
| | | | | | | | |
| | | | | | | | |
| | | | | | | | |
| | | | | | | | |
| | | | | | | | |
| | | | | | | | |
| | | | | | | | |
| | | | | | | | |
| | | | | | | | |
| | | | | | | | |
| | | | | | | | |
| | | | | | | | |
| | | | | | | | |
| | | | | | | | |
| | | | | | | | |
| | | | | | | | |
| | | | | | | | |
| | | | | | | | |
| | | | | | | | |
| | | | | | | | |
| | | | | | | | |
| | | | | | | | |
| | | | | | | | |

说明：1. 钢丝网搭接长度≥300 mm。

2. 灰饼厚度为 20~40 mm。

3. 拉杆的填塞用膨胀砂浆 1∶1水泥砂浆。

4. 后塞口不密实，应在挂网之前先用砂浆进行填补，并压密实。

5. 脚手眼的堵洞应按两遍成活。

6. 检查内容均用“√”或“×”表示。

7. 不合格立即整改，整改完后注明整改部位、时间及结果。

**表 A-4 ________防水施工申请记录表**

申请时间：　　年　　月　　日

| 检测内容 | | | | | |
|---|---|---|---|---|---|
| | | | | | |
| 房间编号 | 地面清洁 | 管线吊洞情况 | 重点部位防水加强措施 | 班组检查结果及意见 | 工长检查结果及意见（是否按要求进行处理） |
| | | | | | |
| | | | | | |
| | | | | | |
| | | | | | |
| | | | | | |
| | | | | | |
| | | | | | |
| | | | | | |
| | | | | | |
| | | | | | |
| | | | | | |
| | | | | | |
| | | | | | |
| | | | | | |
| | | | | | |
| | | | | | |
| | | | | | |
| | | | | | |
| | | | | | |
| | | | | | |
| | | | | | |
| | | | | | |
| | | | | | |
| | | | | | |
| | | | | | |
| | | | | | |
| | | | | | |

说明：1. 吊洞必须安排专人进行施工处理，并且应对洞口采取防水加强措施。

2. 检查内容均用“√”或“×”表示。

3. 资料完善后，及时交技术部。

**表 A-5 ________项目方案签发台账**

| 序号 | 方案名称 | 报送监理时间 | 监理签字时间 | 报送业主时间 | 业主签字时间 | 备注 |
|---|---|---|---|---|---|---|
| 1 | 旋挖桩施工方案 | | | | | |
| 2 | 人工挖孔桩施工方案 | | | | | |
| 3 | 现场临设施工方案 | | | | | |
| 4 | 各类应急救援预案 | | | | | |
| 5 | 现场临时用水用电施工方案 | | | | | |
| 6 | 防洪度汛应急预案 | | | | | |
| 7 | 承台及基础施工方案 | | | | | |
| 8 | 安全文明施工方案 | | | | | |
| 9 | 塔吊基础施工方案 | | | | | |
| 10 | 水下混凝土浇筑施工方案 | | | | | |
| 11 | 施工组织设计 | | | | | |
| 12 | 扬尘控制方案 | | | | | |
| 13 | 主体结构施工方案 | | | | | |
| 14 | 外架施工方案 | | | | | |
| 15 | 砌体施工方案 | | | | | |
| 16 | 装饰装修施工方案 | | | | | |
| 17 | 防水工程施工方案 | | | | | |
| 18 | 施工电梯安拆方案 | | | | | |
| 19 | 成品保护方案 | | | | | |

**表 A-6 ______项目验收会议纪要签章台账**

| 序号 | 纪要名称 | 报送监理时间 | 监理签章时间 | 报送业主时间 | 业主签章时间 | 报送设计时间 | 设计签章时间 | 报送地勘时间 | 地勘签章时间 | 备注 |
|---|---|---|---|---|---|---|---|---|---|---|
| | | | | | | | | | | |
| | | | | | | | | | | |
| | | | | | | | | | | |
| | | | | | | | | | | |
| | | | | | | | | | | |
| | | | | | | | | | | |
| | | | | | | | | | | |
| | | | | | | | | | | |
| | | | | | | | | | | |
| | | | | | | | | | | |
| | | | | | | | | | | |
| | | | | | | | | | | |
| | | | | | | | | | | |
| | | | | | | | | | | |
| | | | | | | | | | | |
| | | | | | | | | | | |
| | | | | | | | | | | |
| | | | | | | | | | | |
| | | | | | | | | | | |
| | | | | | | | | | | |
| | | | | | | | | | | |

**表 A-7 ________项目技术洽商签发台账**

| 序号 | 技术洽商名称 | 报送监理时间 | 监理签章时间 | 报送业主时间 | 业主签章时间 | 报送设计时间 | 设计签章时间 | 备注 |
|---|---|---|---|---|---|---|---|---|
| | | | | | | | | |
| | | | | | | | | |
| | | | | | | | | |
| | | | | | | | | |
| | | | | | | | | |
| | | | | | | | | |
| | | | | | | | | |
| | | | | | | | | |
| | | | | | | | | |
| | | | | | | | | |
| | | | | | | | | |
| | | | | | | | | |
| | | | | | | | | |
| | | | | | | | | |
| | | | | | | | | |
| | | | | | | | | |
| | | | | | | | | |
| | | | | | | | | |
| | | | | | | | | |
| | | | | | | | | |
| | | | | | | | | |

**表 A-8 ________工程原材料、成品/半成品试验台账**

工程名称：　　　　施工单位：　　　　监理单位：

| 序号 | 材料名称 | 规格品种 | 生产单位 | 进货日期 | 使用部位 | 进场数量 | 质保书编号 | 委托日期 | 报告编号 | 试验结果 | 备注 |
|---|---|---|---|---|---|---|---|---|---|---|---|
| | | | | | | | | | | | |
| | | | | | | | | | | | |
| | | | | | | | | | | | |
| | | | | | | | | | | | |
| | | | | | | | | | | | |
| | | | | | | | | | | | |
| | | | | | | | | | | | |
| | | | | | | | | | | | |
| | | | | | | | | | | | |
| | | | | | | | | | | | |
| | | | | | | | | | | | |
| | | | | | | | | | | | |
| | | | | | | | | | | | |
| | | | | | | | | | | | |
| | | | | | | | | | | | |
| | | | | | | | | | | | |
| | | | | | | | | | | | |
| | | | | | | | | | | | |
| | | | | | | | | | | | |
| | | | | | | | | | | | |

记录人：　　　　技术负责人：

**表 A-9 ________工程钢筋接头取、送样记录台账**

合同号：　　　　　　试验单位：　　　　　　监理单位：　　　　　　第　页

| 序号 | 钢筋规格 | 接头类别 | 取样工程部位或拟用工程部位 | 取样数量 | 代表数量 | 取样日期 | 检测报告编号 | 检测项目 | 检测结论 | 备注 |
|---|---|---|---|---|---|---|---|---|---|---|
| | | | | | | | | | | |
| | | | | | | | | | | |
| | | | | | | | | | | |
| | | | | | | | | | | |
| | | | | | | | | | | |
| | | | | | | | | | | |
| | | | | | | | | | | |
| | | | | | | | | | | |
| | | | | | | | | | | |
| | | | | | | | | | | |
| | | | | | | | | | | |
| | | | | | | | | | | |
| | | | | | | | | | | |
| | | | | | | | | | | |
| | | | | | | | | | | |
| | | | | | | | | | | |
| | | | | | | | | | | |
| | | | | | | | | | | |
| | | | | | | | | | | |

记录人：　　　　　　　　　　技术负责人：

**表 A-10 ________工程混凝土(砂浆)取、送样台账**

承包单位：　　　　　　　　监理单位：　　　　　　　　第　页

| 序号 | 设计指标 | 取样工程部位 | 施工方量 | 取样组数 | 取样日期 | 送检日期(7 d) | 送检日期(28 d) | 实际送样日期 | 检测报告编号 | 检测结论 | 备注 |
|---|---|---|---|---|---|---|---|---|---|---|---|
| | | | | | | | | | | | |
| | | | | | | | | | | | |
| | | | | | | | | | | | |
| | | | | | | | | | | | |
| | | | | | | | | | | | |
| | | | | | | | | | | | |
| | | | | | | | | | | | |
| | | | | | | | | | | | |
| | | | | | | | | | | | |
| | | | | | | | | | | | |
| | | | | | | | | | | | |
| | | | | | | | | | | | |
| | | | | | | | | | | | |
| | | | | | | | | | | | |
| | | | | | | | | | | | |
| | | | | | | | | | | | |
| | | | | | | | | | | | |
| | | | | | | | | | | | |
| | | | | | | | | | | | |
| | | | | | | | | | | | |

记录人：　　　　　　　　　　　　技术负责人：

**表 A-11 ________工程配合比登记台账**

承包单位：　　　　　　　　　　　　　　监理单位：

| 序号 | 设计指标 | 拟用范围 | 原材料使用情况 | | | | | 配合比 | 承包人报告编号 |
|---|---|---|---|---|---|---|---|---|---|
| | | | 水泥(C) | 砂子(S) | 碎石(G) | 外加剂(Y) | 掺合料(CH) | C:S:G:W:Y:CH | |
| | | | | | | | | | |
| | | | | | | | | | |
| | | | | | | | | | |
| | | | | | | | | | |
| | | | | | | | | | |
| | | | | | | | | | |
| | | | | | | | | | |
| | | | | | | | | | |
| | | | | | | | | | |
| | | | | | | | | | |
| | | | | | | | | | |
| | | | | | | | | | |
| | | | | | | | | | |
| | | | | | | | | | |
| | | | | | | | | | |
| | | | | | | | | | |
| | | | | | | | | | |
| | | | | | | | | | |
| | | | | | | | | | |

记录人：　　　　　　　　　　　　　　技术负责人：